一起造物吧②

——45个超棒的小创客科技制作项目

柴火创客教育项目组 著

人民邮电出版社

北京

图书在版编目（CIP）数据

一起造物吧. 2，45个超棒的小创客科技制作项目 /
柴火创客教育项目组著. -- 北京：人民邮电出版社，
2017.2（2020.3重印）
（创客教育）
ISBN 978-7-115-44129-4

Ⅰ. ①一… Ⅱ. ①柴… Ⅲ. ①电子产品－制作 Ⅳ.
①TN05

中国版本图书馆CIP数据核字(2017)第002991号

内 容 提 要

本书是科技创意和科学实作的完美结合，它将带领大家一起开动脑筋、发挥奇思妙想、用开源硬件来实现创意。

全书介绍了10个有趣的创意科技制作项目和35个生动的青少年创客作品。这些创意项目涵盖了不同主题、不同层次的内容，制作时无需编程，使用开源电子模块，以拼插为主的方式来连接电路，并辅以激光雕刻的各种配套外形，让制作者能有更多的创意得到实现。

本书适合青少年创客、制作爱好者、电子初学者阅读，也非常适合用于开设创客课程或科技实践课程中的中小学、校内外兴趣小组、青少年创客空间和重视培养孩子动手能力的家庭作为创意项目参考手册。

◆ 著　　　　柴火创客教育项目组
　　责任编辑　房　桦
　　责任印制　周昇亮

◆ 人民邮电出版社出版发行　　北京市丰台区成寿寺路 11 号
　　邮编　100164　　电子邮件　315@ptpress·com·cn
　　网址　http://www.ptpress·com·cn
　　北京虎彩文化传播有限公司印刷

◆ 开本：690×970　1/16
　　印张：7　　　　　　　　　　　2017 年 2 月第 1 版
　　字数：162 千字　　　　　　　　2020 年 3 月北京第 7 次印刷

定价：39.00 元

读者服务热线：(010)81055493　印装质量热线：(010)81055316
反盗版热线：(010)81055315
广告经营许可证：京东工商广登字 20170147 号

柴火创客教育项目组

潘　昊　廖巍巍　马晓欢

叶　雨　陈遂燕　沈瑜恒

宁泽铭　刘　溶　韩孝涛

序

从"创客"一词的出现，到现在立于全球的风口浪尖上，越来越多怀揣梦想、拥抱激情的人们投身到创客的行列中来。伴随李克强总理提出的"大众创业、万众创新"的号召，创客运动不断普及，创客文化不断升华，让更多有想法、有冲动的年轻人一扫曾经的条条框框，冲破平庸，成为独一无二的"创造者"。这就是创客的魅力所在。今天，创客事业已造福了千千万万这样思维迸发的群体，而"柴火"更希望将创客的精神和理念带到教育事业中来，让青少年也能从小拥有一个可以自由发挥、敢想敢做的空间和机会。创客教育的产生和推动，必将是教育史上极具意义的一个里程碑。

创客教育是创客文化和现代教育的结合，是基于学生兴趣，以项目学习的方式，使用数字化工具，倡导造物，鼓励分享，培养跨学科解决问题的能力、团队协作能力和创新能力的一种素质教育。每一个时代对于教育者来说，都有其独特的意义和价值，而创客时代的到来，同样也赋予了每一位教育者和受教育者更宽广的前进道路。

我国从来不乏伟大的教育家、思想家，但遗憾的是，中国社会却呈现出一种"怪癖"：很多家长更愿意将子女送到国外去念书，这便是当前教育界广为研究的所谓中外教育模式冲击的问题。尽管"学中做""做中学"早已成为新时代学校教育的标识，但让孩子真正体验创新实践的机会却并不多。然而，这并不能阻挡学生对创新改变的无限思维。"柴火"便是这样一个信念的秉持者，正如其名字的由来——众人拾柴火焰高，"柴火"坚信数字化的生产工具和解决方式带给中小学生的是逻辑思维上的颠覆，它引导学生从事物的本质去了解事物，学会独立思考，同时又明白团结与协作的重要性，最后享受这个从无到有的过程所带来的成就感。换言之，这也许会成为一个受教育者探索世界观的启蒙。即便是笔者，一个早已离开校园的人，在创客教育理念席卷而来之时，也对这样一个能让想象和创意自由发挥的受教时代倾情。谁都不会希望我们的下一代只会应试，因为他们将是人生的创造者，时代的改变者。

在柴火创客教育项目中，"造物"诠释了什么才是真正的"做中学"。不需要机械地复制或是记忆，让学生从零基础开始探索，通过自学和协作，在期待中见证每一个创意成果的产生，这便是柴火团队在本书策划之初达成的一个共识和愿望。不论是入门级的爱好者，亦或是一个成功的创客，都需始于足下，勿忘初心。希望同学们能够一步步迈进创客的世界，去体验不一样的K12阶段。

目录

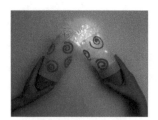

1. 小牛吃草

——动手制作一头会吃草的小牛

《小牛向前冲》里的大角牛是一头坚定、敢于大胆向前冲的小牛，它有着一股异于常人的执拗劲儿。它最大的梦想就是像传说中的"神牛大侠"一样，练就一身好功夫，随时准备着为正义而战。今天，就让我们一起制作一头小牛，希望小创客们都有不怕困难、不怕挫折、不懈奋斗、勇往直前的"小牛精神"。

【学习目标】了解磁力开关原理，认识发光二极管，学习数字逻辑电路，利用废旧水瓶动手制作一只智能的小牛。

【必备工具】热熔胶枪、剪刀、尖嘴钳、铅笔。

【材料清单（见下表及图1.1）】

材料	数量
磁铁	1块
磁力开关	1个
Logic DC 电源模块	1块
LED	1串
振动电机	1个
Grove 连接线	2根
电源连接线	1根
9V电池	1块
废旧水瓶	1个
竹签	2根
不织布（黑、白）	1张
可转动眼珠	2个
黏土	1块
雪糕棍	6根

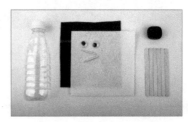

图1.1 材料准备

一、了解磁力开关

磁力开关，其原理是利用干簧管金属弹片吸合来实现电流通断。磁力开关的玻璃管中的两个由特殊材料制成的簧片是分开的，当有磁性物质靠近玻璃管时，在磁场的作用下，管内的两个簧片被磁化而互相吸引，簧片就会吸合在一起，使结点所接的电路连通。外磁力消失后，两个簧片由于本身的弹性而分开，线路也就断开了。

图1.2 磁力开关

二、连接模块

电路连接如图1.3所示。

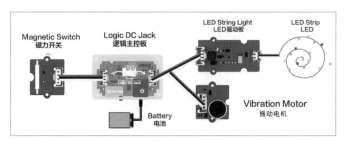

图1.3　电路连接示意图

1. 连接磁力开关和 Logic DC 电源模块

使用Grove连接线连接磁力开关和Logic DC电源模块。需要注意接口方向，如图1.4所示。

图1.4

2. 连接 Logic DC 电源模块和振动电机

将Grove连接分叉线的一端连接振动电机，注意接口的方向，如图1.5所示。

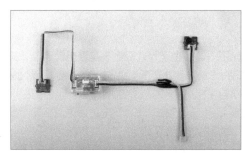

图1.5

3. 连接Logic DC电源模块和LED

将Grove连接分叉线的另一端连接LED驱动板，将LED与驱动板连接，如图1.6所示。

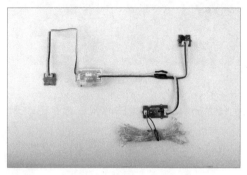

图1.6

4. 连接电源

把9V电池用电源连接线连接到Logic DC电源模块上，打开电源开关，将磁铁靠近磁力开关，振动电机就振动起来了，LED也就会发出七彩的光了，如图1.7所示。如果振动电机振动、LED亮起，说明我们的电路连接正确。

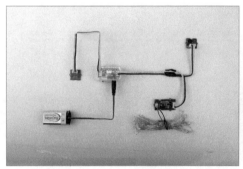 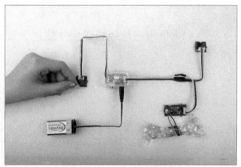

图1.7

电路部分完成了，我们可以着手进行下一项啦！

三、制作小牛吃草的外观部分

（1）用美工刀将废旧水瓶的底座切割下来，如图1.8所示。

图 1.8

（2）将LED均匀地绕在废旧水瓶上，绕的时候注意要将LED分布得尽量均匀些，如图 1.9所示。

图 1.9

（3）将LED均匀地绕在废旧水瓶的表面，然后，将其与驱动板连接起来，如图 1.10所示。

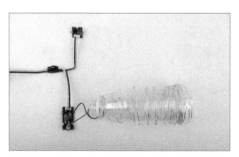

图 1.10

（4）将连接磁力开关的连接线穿过瓶口，将剩下的连接好的电子模块从水瓶底部塞入水瓶内，如图 1.11所示。

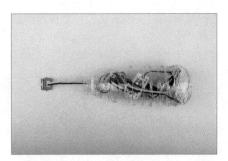

图1.11

（5）截取一块与瓶身大小相当的白色不织布（无纺布），用热熔胶枪将不织布固定在水瓶表面上，注意粘贴均匀，如图1.12所示。

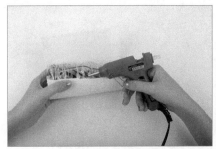 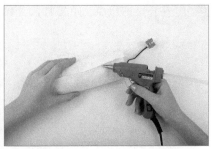

图1.12

热熔胶枪是一种粘接工具，通过电加热熔化固体热熔胶条，将融化后的热熔胶涂抹在固定位置后，使其自然冷却凝固，从而达到粘接的目的。热熔胶枪的金属出胶口和液态胶都会很热，使用时一定要小心！

（6）取一小段白色的不织布，用热熔胶枪以绕圈的形式固定在磁力开关上（用于做小牛的头部），再将可转动的眼珠固定在头部上端，如图1.13所示。

 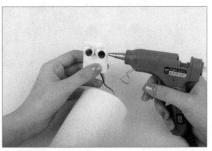

图1.13

（7）剪一块跟水瓶底座一样大的白色不织布圆片，并用热熔胶枪固定，如图1.14所示。

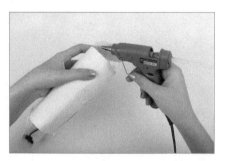

图1.14

（8）取一块黑色的不织布，先用铅笔在布上画出大小不一的形状，用剪刀将画好的图形剪下作为小牛身上的斑点，如图1.15所示。

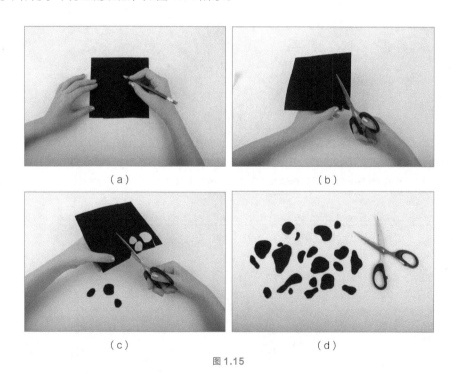

（a）   （b）

（c）   （d）

图1.15

（9）将剪好的黑色斑点用热熔胶枪固定在小牛的身体上，注意要将斑点大小不一地错落分布，固定牢靠，如图1.16所示。

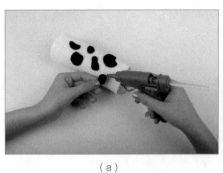
（a）

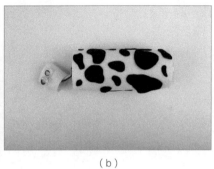
（b）

图 1.16

（10）取6根雪糕棍，用尖嘴钳将雪糕棍的两头剪断，长短可自行选择，长一些的雪糕棍制作出的小牛将会高一些，如图1.17所示。

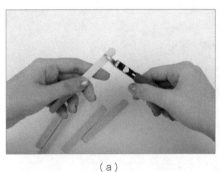
（a）

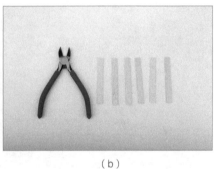
（b）

图 1.17

（11）用热熔胶枪将雪糕棍粘接成梯形，并将它固定在小牛的身体上，如图1.18所示。

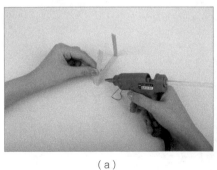
（a）

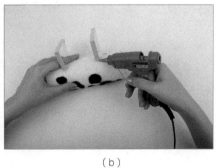
（b）

图 1.18

（12）取一根雪糕棍，一端塞入瓶口内，另一端连接小牛的头部，用热熔胶枪固定住，如图1.19所示。

图1.19

（13）用少量的超轻黏土揉捏两颗黑色圆球，固定在竹签尖处。再用热熔胶枪固定在小牛的头部，如图1.20所示。

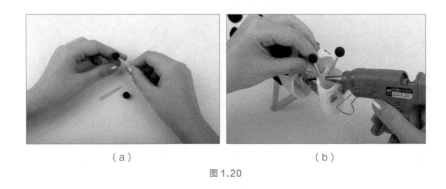

（a）　　　　　　　　　　　　　（b）

图1.20

（14）取出一张绿色的卡纸（这里可用任意绿颜色的纸代替），画出小草的基本形状，如图1.21所示。

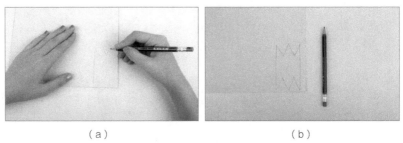

（a）　　　　　　　　　　　　　（b）

图1.21

（15）将画好的形状剪下，取出磁铁与竹签，将磁铁与竹签用热熔胶枪固定在绿色的卡纸上，如图1.22所示。

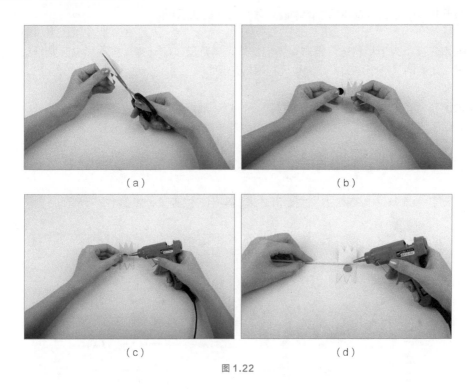

图1.22

（16）小草固定好后，将小草靠近小牛。当小牛吃到草后，便会兴奋得"嗡嗡"叫，同时身体会亮起七彩的灯，直到小草远离小牛，小牛将停止吃草。这样，神奇的小牛吃草就制作成功了（见图1.23）！

图1.23

四、创意扩展设计——隐形的灯笼

展开想象的翅膀，发挥创意的潜能，体验制作的快乐！

元宵之夜，大街小巷张灯结彩，人们赏灯、猜灯谜、吃元宵，将从除夕开始延续的春节庆祝活动推向又一个高潮，成为世代相沿的习俗。

农历正月十五是元宵节，民间有挂灯、打灯、观灯的习俗，故元宵节也称灯节。元宵佳节，除了吃汤圆、赏月外，我们常看到小朋友举着灯笼一起嬉笑、打闹。

作为一名小创客，如何让自己制作的灯笼与众不同呢？我们一起来试试吧！

（1）我们准备好电子模块、竹签（24根）与相应的工具，如图1.24所示。

 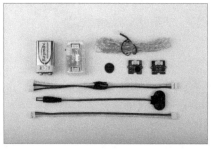

（a）　　　　　　　　　　　　　　（b）

图1.24

（2）用钳子将竹签的两端剪去，如图1.25所示。

（a）　　　　　　（b）

图1.25

（3）用热熔胶枪把4根竹签固定成方形（共制作6个，见图1.26）。

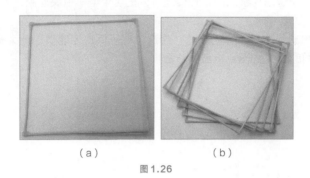

（a）　　　　　　（b）

图1.26

（4）将6个方形用热熔胶枪粘接成一个六面体，将电子模块用热熔胶枪固定在六面体的内部，再用热熔胶枪将纱布固定在六面体上，如图1.27所示。

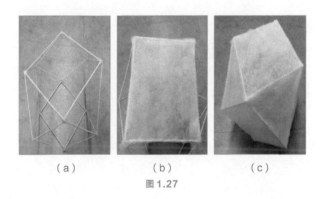

（a）　　　　（b）　　　　（c）

图1.27

（5）这样隐形的灯笼就完成了，赶快打开电源来体验一下吧（见图1.28）！

图1.28

　　夜晚来临，这个小灯笼就能隐形了，当有人拿着磁铁靠近灯笼时，它就会亮起来，想一想，多么酷啊！细心地观察生活，我们还可以把这个电子模块运用在哪里呢？

　　小创客们，想象无边界，开动脑筋，用这个电子模块还能做出什么有趣的玩意儿呢？一起动手，让我们的世界变得更丰富多彩吧！

2.家务活选择机

——动手制作一个能帮你做出选择的小机器

《We Bare Bears》里面有3只熊，棕熊比较外向，永远都冲在前面，北极熊是全能型的，能做饭、会武术、懂多种语言，还有一只熊猫，比较胆小，它对很多事都无法做主，常常不知道该怎么去选择。让我们一起帮助它，为它做一个能自动选择的小机器吧，希望熊猫能越来越开朗、自信。

【学习目标】了解红外接近传感器的原理，动手制作一台接近它就能帮你做出选择的小机器。用雪糕棒设计、制作选择困难终端机。

【必备工具】热熔胶枪、剪刀、铅笔。

【材料清单（见右表及图2.1）】

材料	数量
红外接近传感器	1个
Logic DC电源模块	1块
减速电机	1个
Grove连接线	1根
电源连接线	1根
9V电池	1块
雪糕棍	适量
卡纸	4张
超轻黏土	1块
牛皮纸	2张

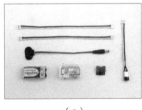

（a） （b） （c）

图2.1 材料准备

一、了解红外接近传感器

红外接近传感器（见图2.2）由一个红外发射二极管和一个红外接收二极管组成。通电后，发射管持续发射红外线，接收管时刻准备接受红外线。当物体（非黑色）出现在两个二极管前面时，发射管发出的红外线经物体表面反射，被接收管接收，触发模块的引脚输出信号。

图2.2 红外接近传感器

二、连接模块

电路连接如图2.3所示。

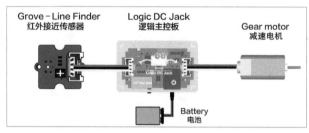

图2.3

1. 连接红外接近传感器和Logic DC电源模块

使用Grove连接线连接红外接近传感器和Logic DC电源模块，如图2.4所示。需要注意连接的接口方向。

图2.4

2. 连接Logic DC电源模块和减速电机

将Grove连接分叉线的一端连接减速电机，如图2.5所示，注意接口的方向。

图2.5

3. 连接电源

把9V电池用电源连接线连接到Logic DC电源模块上，打开电源开关，当物体（非黑色）出现在红外接近传感器前，减速电机就会转动起来，LED也会发出七彩的光，如图2.6所示。如果减速电机能够正常转动，说明我们的电路连接是正确的。

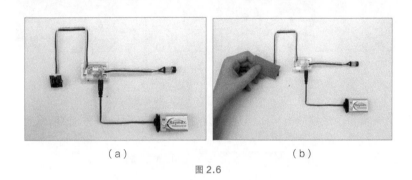

（a） （b）

图 2.6

成功地完成了这一步，就可以开始下面的制作了。

三、制作家务活选择机

（1）取两根雪糕棍，并在其交界处画出小方形，用尖嘴钳将画的阴影部分剪下来，如图2.7所示。

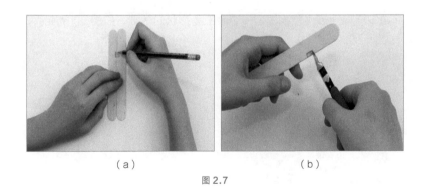

（a） （b）

图 2.7

（2）将剪好的雪糕棍用热熔胶枪固定在一起，再取4根雪糕棍分别固定在粘好的雪糕棍的两边，如图2.8所示。

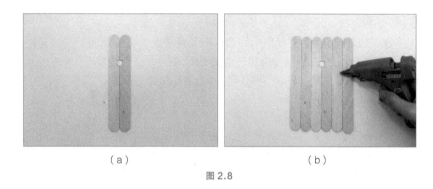

（a）　　　　　　　　　　　　（b）

图 2.8

（3）同上一步，用热熔胶枪再固定两组雪糕棍，每组6根，如图2.9所示。

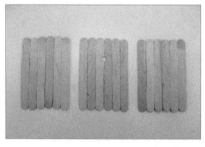

图 2.9

（4）将3组雪糕棍用热熔胶枪固定一个成三角形状的木排，如图2.10所示。

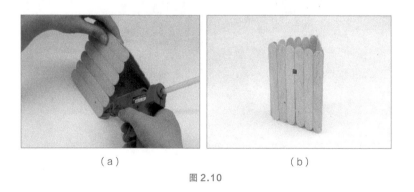

（a）　　　　　　　　　　　　（b）

图 2.10

（5）取精细的雪糕棍每5根一组用热熔胶枪固定，截取两小截雪糕棍固定在木排中间会使它更加稳定，同理固定其他3组，如图2.11所示。

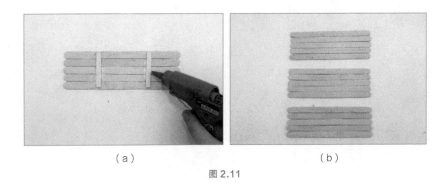

（a）   （b）

图 2.11

（6）在其中一组上画出一个与逻辑主控板同大的长方形，用尖嘴钳将阴影处剪下，如图 2.12 所示。

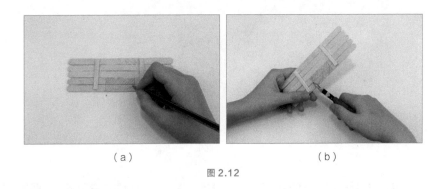

（a）   （b）

图 2.12

（7）用热熔胶枪将 3 组制作好的木排固定成三角的形状，如图 2.13 所示。

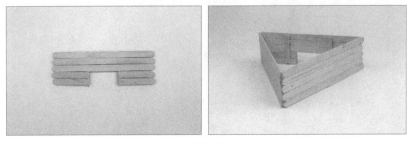

图 2.13

（8）取两张牛皮纸，在牛皮纸上先画出如图 2.14 所示大小的三角形，并用剪刀将其剪下。

图 2.14

（9）将其中一张牛皮纸固定在底部，并用热熔胶枪将逻辑主控板固定在缺口处（见图 2.15），注意电源开口方向朝外。

图 2.15

（10）用铅笔在另一张牛皮纸上画出两个小方形，用剪刀将阴影部分剪下，如图 2.16 所示。

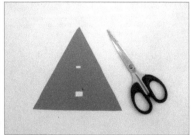

图 2.16

（11）将红外接近开关与逻辑主控板的输入端连接，将模块朝上固定在第一个缺口上；取出减速电机穿过第二个缺口连接逻辑主控板的输出端，再将牛皮纸用热熔胶枪固定在三角形的顶部，如图 2.17 所示。

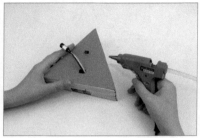

图 2.17

（12）取出第4步做好的三角形木排，将减速电机用热熔胶枪固定在缺口的位置上（见图2.18）。

图 2.18

（13）将上端和下端的三角形木排用热熔胶枪固定好（见图2.19）。

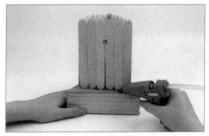

图 2.19

（14）取出红、黄、蓝3种颜色的卡纸，以随意色为底色剪出一个圆，另外两色各剪出相同大小的扇形，用签字笔在扇形的卡纸上写上家务活的选项，如洗衣、扫地、洗碗等，如图2.20所示。

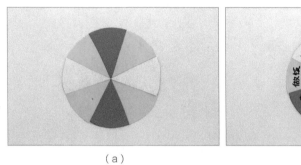
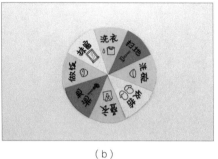

（a） （b）

图 2.20

（15）取出黑色的卡纸，画出箭头的形状，用剪刀剪下箭头（见图2.21）。

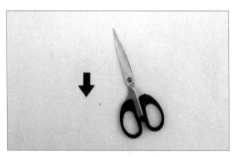

图 2.21

（16）将彩色转盘的中心点固定在减速电机上，再将箭头用热熔胶枪固定住（见图2.22）。

图 2.22

（17）接通电源，打开开关，如图2.23所示。

图 2.23

（18）将用黏土揉捏的圆球投入家务活选择机内，转盘便会转动了。待它自动停下后，箭头指向哪个选项，你就乖乖地去做那项家务活吧（见图2.24）。这样，家务活选择机就完成了。

图 2.24

3. 坐姿纠正器

——动手制作一个能纠正坐姿的小徽章

腰椎疼痛、腰骨酸痛、腰椎间盘突出、臀部及肩部的肌肉酸痛已成为坐着办公一族的常见疾病，腰部疼痛的发病率逐年升高，而这一现象的元凶则为我们已沿袭几千年的不良坐姿。因此，如何纠正坐姿问题一直是个极富挑战性的问题。

让我们一起来想个办法解决这个问题吧！

【学习目标】了解倾斜开关，动手制作一个能纠正坐姿的小徽章。

【必备工具】剪刀、针线、铅笔。

【材料清单（见右表及图3.1）】

材料	数量
蜂鸣器	1个
倾斜开关	1个
Logic DC 电源模块	1块
Grove 连接线	2根
电源连接线	1根
9V 电池	1块
不织布（红、橙、白）	各1块

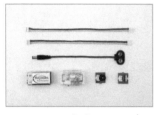 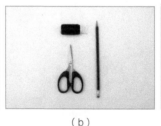 

（a） （b） （c）

图 3.1 材料准备

一、了解倾斜开关

在我们生活中开关随处可见，根据不同需求，我们把开关设计成了各种样式，有按压式开关、滑动式开关、磁感开关、光感开关等。今天，我们来了解另一种独具特色的开关——倾斜开关。

我们用到的倾斜开关中有一个小管，管内有一个金属小球。当开关倾斜到一定角度时，小球滑到小管的一端，同时触碰到两个触点，将电路连通；反向倾斜时，小球与触点断开，电路也就断开了，以此实现开和关的目的，如图3.2所示。

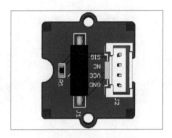

图 3.2　倾斜开关示意图

二、连接模块

电路连接如图 3.3 所示。

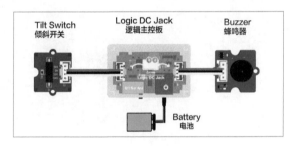

图 3.3　电路连接示意图

1. 连接倾斜开关和 Logic DC 电源模块

使用 Grove 连接线连接倾斜开关和 Logic DC 电源模块，如图 3.4 所示。需要注意连接的接口方向。

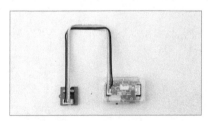

图 3.4

2. 连接 Logic DC 电源模块和蜂鸣器

使用 Grove 连接线连接蜂鸣器和 Logic DC 电源模块的右端，如图 3.5 所示，注意接口的方向。

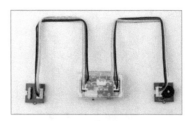

图 3.5

3．连接电源

把9V电池用电源连接线连接到Logic DC电源模块上，打开电源开关，再把倾斜开关倾斜，蜂鸣器就会响了，如果倾斜开关启动，蜂鸣器能发出声音（见图3.6），就说明我们的电路连接没有问题。

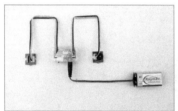

图 3.6

电路部分完成了，我们就可以着手进行下一项啦！

三、制作坐姿纠正器

（1）拿出橙色的不织布，先用铅笔在上边画上两个圆形，并用剪刀沿着画好的形状剪下，见图3.7。

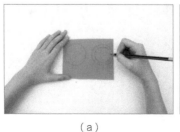

（a）　　　　　　　　　　　（b）

图 3.7

（2）剪下后的形状如图3.8所示。

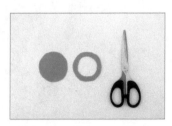

图 3.8

（3）取出白色的不织布，用铅笔画出一个圆形，用剪刀将其剪下，如图3.9所示。

  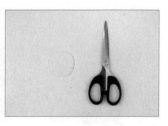

图 3.9

（4）将剪好的橙色圆圈和白色圆圈叠在一起，取出针线，将橙色圆圈与白色圆圈缝在一起当作徽章的底部（见图3.10）。

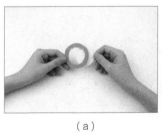 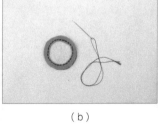 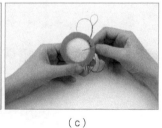

（a）　　　　　　　　　　（b）　　　　　　　　　　（c）

图 3.10

（5）缝制完成后，将缝好的徽章表面，用签字笔画出时间坐标，如图3.11所示。

图 3.11

（6）取出红色的不织布，在上边画一个小圆圈，用剪刀将其剪下，如图 3.12 所示。

 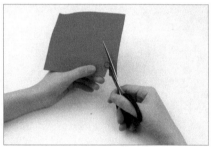

图 3.12

（7）将剪好的红色圆圈固定在徽章的中心，再用签字笔将表的指针画出来（图 3.13）。

图 3.13

（8）将倾斜开关调整角度固定在徽章内，用热熔胶枪将徽章的正反面固定（里边还可以塞入适量棉花），如图 3.14 所示。

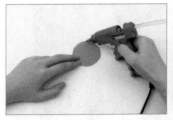

图 3.14

（9）用热熔胶枪将徽章夹子固定在背面，如图3.15所示。

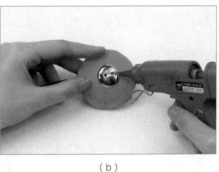

（a）　　　　　　　　　　　　　　　（b）

图 3.15

（10）取另一张橙色的不织布将电子模块包在里边，并用热熔胶枪固定，如图3.16所示。

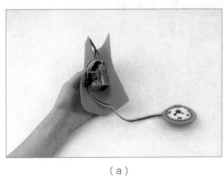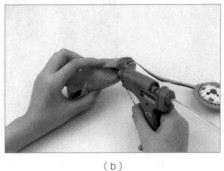

（a）　　　　　　　　　　　　　　　（b）

图 3.16

（11）制作完成后，打开电源，拨动开关，当你稍微倾斜徽章时，里边的倾斜开关倾斜，蜂鸣器便会响起，这样就会起到提醒的作用，如图3.17和图3.18所示。

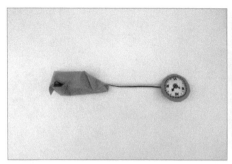

图 3.17　　　　　　　　　　　　　　　　图 3.18

四、创意扩展设计——纠正笔

展开想象的翅膀，发挥创意的潜能，体验制作的快乐！

在学校里，老师常教导学生，看书写字时要注意保持标准姿势，以预防近视，可为什么近视度数还是不断攀升？相比于坐姿不正确，错误的握笔姿势更容易导致近视。

那么怎样纠正握笔的姿势呢？我们来试一试！

（1）准备好一只大头笔与热熔胶枪，如图3.19所示。

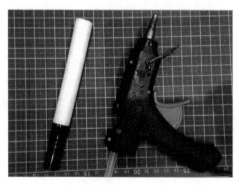

图 3.19

（2）将电子模块用热熔胶枪固定在大头笔的顶端，热熔胶枪尽量围绕着电子模块（图3.20）。

图 3.20

（3）取超轻粘土捏出你喜欢的图案，遮住电子模块部分，给大头笔做美化装饰。注意超轻粘土与电子模块不要直接接触，如图 3.21 所示。

图 3.21

这样就制作完成了。有了这只纠正笔，就不怕自己的握笔姿势不正确了。

小创客们，想象无边界，开动脑筋，用倾斜开关和蜂鸣器还能做出什么有趣的玩意儿呢？赶快动手，让我们的世界变得更丰富多彩吧！

4. 爱心留言机

——动手制作会留言的小玩偶

电影《心花怒放》里有一面留言墙应该给人们留下了深刻的印象，其实，在家庭中也可以有一个能留言的载体来增进感情、传递信息。在父母深夜归来时，家里的小朋友已经睡了，父母可以从这个留言机中听到小朋友温暖的爱心留言。

那我们就一起动手制作一个吧！

【学习目标】了解触摸传感器，能够利用纸盒做一只会留言的小玩偶。

【必备工具】剪刀、热熔胶枪、签字笔、美工刀。

【材料清单（见右表及图4.1）】

材料	数量
触摸传感器	1个
录放音模块	1块
减速电机	1个
Logic DC 电源模块	1块
Grove 连接线	2根
Grove 分叉线	1根
电源连接线	1根
9V 电池	1块
纸盒	1个
不织布（红、蓝、白）	各1块
雪糕棍	2根
圆木片	1个

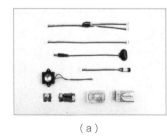

（a）

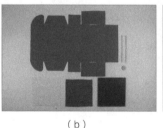

（b）

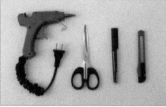

（c）

图 4.1 准备材料

一、了解触摸传感器

我们使用的触摸传感器很简单，主要是由一块 JR223B 单键触摸芯片和一块印制在线路板上的触摸区域组成（如图4.2所示）。当我们用手碰触触摸区时，触摸芯片感应到输入信号的变化，即输出控制信号。触摸传感器常被用作各种小家电的电源开关。

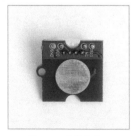

图 4.2 触摸传感器

二、连接模块

电路连接如图4.3所示。

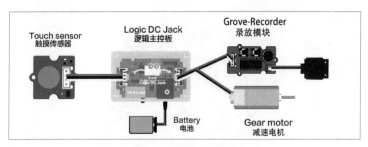

图4.3　电路连接示意图

1. 连接触摸传感器和 Logic DC 电源模块

使用Grove连接线连接触摸传感器和Logic DC电源模块。需要注意连接的接口方向，见图4.4。

图4.4

2. 连接 Logic DC 电源模块和减速电机

使用Grove分叉线的一端连接减速电机和Logic DC电源模块的右端，注意接口的方向，见图4.5。

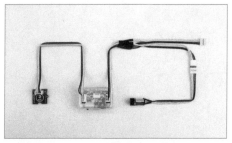

图4.5

3．连接Logic DC电源模块和录放音模块

将Grove分叉线的另一端连接录放音模块，注意接口方向，见图4.6。

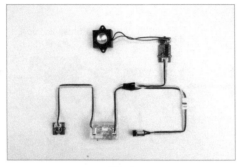

图4.6

4．连接电源

把9V电池用电源连接线连接到Logic DC电源模块上，打开电源开关，用手触碰触摸传感器，减速电机将会转动，录放音模块播放提前录好的声音。如果触摸开关启动时，减速电机转动，录放音模块能够播放录音，就说明我们的电路连接没有问题，见图4.7。

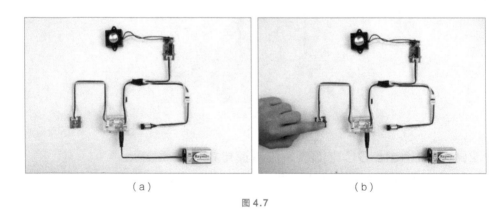

（a）   （b）

图4.7

电路部分完成了，我们就可以着手完成下一项了。

三、制作爱心留言机

（1）用签字笔在图4.8（a）所示的相应位置画出一个长方形与圆形，用美工刀将相应的形状裁剪下来。

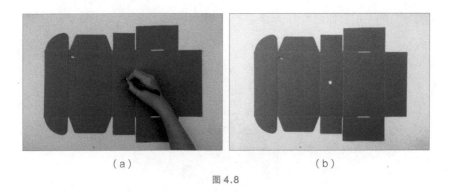

（a）　　　　　　　　　　　　（b）

图 4.8

（2）取蓝色的不织布，在对应的纸盒位置画出镂空处的长方形，并用剪刀将长方形剪下来，见图4.9。

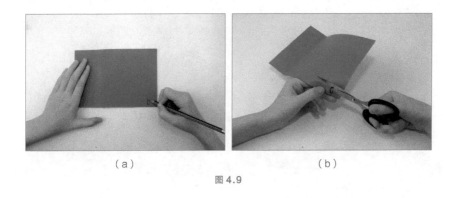

（a）　　　　　　　　　　　　（b）

图 4.9

（3）同上，取蓝色的不织布，对齐纸盒上端的圆形，画个相同大小的圆圈，并用剪刀将圆圈剪下，见图4.10。

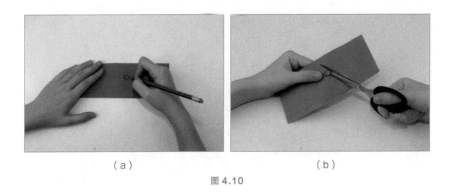

（a）　　　　　　　　　　　　（b）

图 4.10

（4）剪好后的不织布如图4.11所示。

图4.11

（5）将剪好的蓝色不织布与纸盒的镂空位置对齐，用热熔胶枪把它们固定，见图4.12。

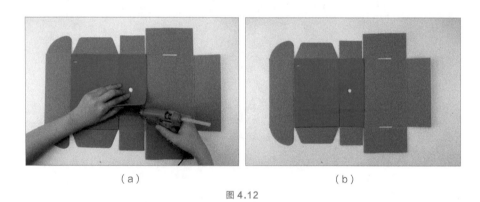

（a） （b）

图4.12

（6）取来减速电机，用热熔胶枪将减速电机固定在纸盒顶端的圆孔位置，见图4.13。

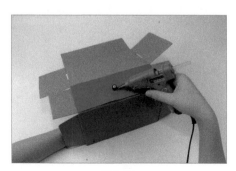

图4.13

（7）将触摸传感器对齐纸盒的长方形长槽的位置用热熔胶枪固定，见图4.14。

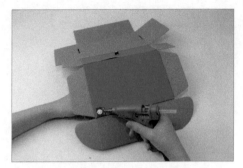

图4.14

（8）按下录放音模块，录下一段温暖的留言，见图4.15。

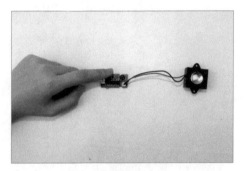

图4.15

（9）将连接好的电子模块全部塞入纸盒内，见图4.16。

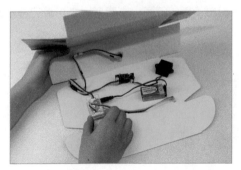

图4.16

（10）将盒子用热熔胶枪固定好，见图4.17。

图4.17

（11）再取出蓝色的不织布，将盒子的周围用蓝色的不织布包裹起来，起到装饰的作用，见图4.18。

图4.18

（12）取来白色的不织布，用铅笔画出半圆形，并用剪刀将半圆形剪下，见图4.19。

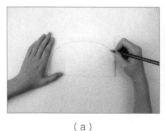 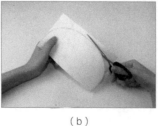 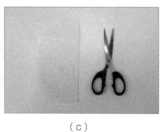

（a）　　　　　　　　　　　（b）　　　　　　　　　　　（c）

图4.19

（13）在白色的不织布上画出两只眼睛的形状，用剪刀将眼睛剪下，见图4.20。

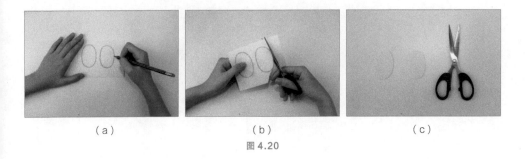

| （a） | （b） | （c） |

图4.20

（14）在红色的不织布上画出一个圆圈，并用剪刀将圆圈剪下，见图4.21。

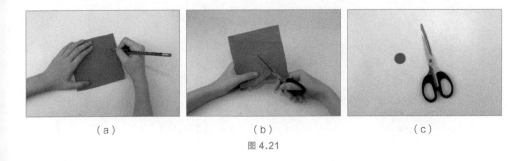

| （a） | （b） | （c） |

图4.21

（15）将剪好的白色半圆用热熔胶枪固定在纸盒上，见图4.22。

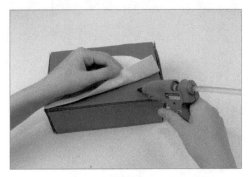

图4.22

（16）将剪好的白色眼睛用热熔胶枪固定在纸盒的相应位置，见图4.23。

图 4.23

（17）用热熔胶枪将红色的圆形不织布固定在纸盒上鼻子的相应位置，见图4.24。

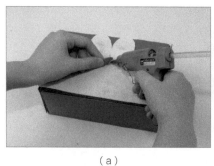

（a）

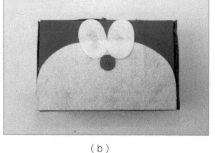

（b）

图 4.24

（18）用签字笔将叮当猫的眼睛、胡子与嘴巴画出来，见图4.25。

图 4.25

（19）取出两根雪糕棍，用热熔胶枪交叉固定，再将圆形木片固定在雪糕棍的交叉位置做一个竹蜻蜓，见图4.26。

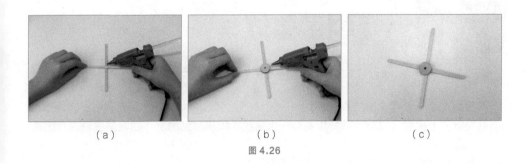

（a）　　　　　　　　（b）　　　　　　　　（c）

图 4.26

（20）将雪糕棍做好的竹蜻蜓固定在减速电机上，如图4.27所示，这样，我们的爱心留言机就做好啦！

图 4.27

（21）打开开关，盖上纸盒，把你的心里话录进去吧，当你的家人触碰爱心留言机的左下角时，便能播放你的留言了，见图4.28。

图 4.28

5.星星灯

——动手制作一个会留言的星星灯吧

馨馨是一个十分喜欢听故事的小女孩，生活在一个一抬头就能看到满满星空的城市里，从小就爱听关于星星的故事，她梦想着有一天自己能和星星交朋友，能跟星星说说心里话。

让我们一起制作一个星星灯，帮馨馨实现这个心愿吧！

【学习目标】了解磁力开关原理，学会使用发光二极管，学习数字逻辑电路，用牛皮纸板制作一个会留言的星星灯。

【必备工具】热熔胶枪、剪刀、美工刀、签字笔。

【材料清单（见右表及图5.1）】

材料	数量
磁铁	1块
磁力开关	1个
Logic DC 电源模块	1块
LED	1串
LED 驱动板	1块
录放音模块	1块
振动电机	1个
Grove 连接线	1根
Grove 分叉线	1根
电源连接线	1根
9V 电池	1块
牛皮纸片	6张
不织布（黄白）	各1张
可转动的眼珠	2个
黏土	1块
雪糕棍	6支

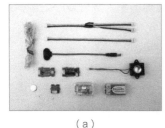

（a）

（b）

（c）

图 5.1 材料准备

一、认识发光二极管

发光二极管简称LED，如图5.2所示，由含镓（Ga），砷（As），磷（P），氮（N）等的化合物制成。

当电子与空穴复合时能辐射出可见光，因而可以用来制成发光二极管。在电路及仪器中作为指示灯，或者组成文字或数字显示。砷化镓二极管发红光、磷化镓二极管发绿光、碳化硅二极管发黄光、氮化镓二极管发蓝光。因为化学性质又分有机发光二极管OLED和无机发光二极管LED。

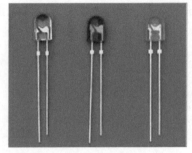

图5.2　材料准备

二、连接电子模块

电路连接如图5.3所示。

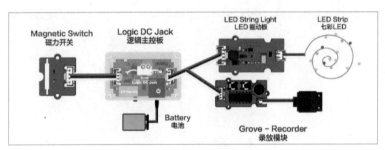

图5.3　电路连接示意图

1. 连接磁力开关和Logic DC电源模块

使用Grove连接线连接磁力开关和Logic DC电源模块。需要注意连接的接口方向，见图5.4。

图5.4

2．连接Logic DC电源模块与录放音模块。

用Grove分叉线的一端连接录放音模块，见图5.5。

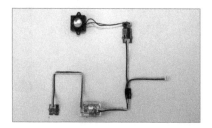

图5.5

3．连接Logic DC电源模块和LED

将Grove连接分叉线的另一端连接LED驱动板，然后将LED与驱动板连接，见图5.6。

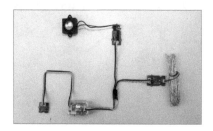

图5.6

4．连接电源

把9V电池用电源连接线连接到Logic DC电源模块上，打开电源开关，将磁铁靠近磁力开关，录放音模块就会播放提前录好的声音，LED也会发出七彩的光。如果录放音模块能够播放录音、LED能够发光，就说明我们的电路连接是正确的，如图5.7所示。

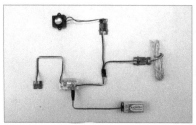
（a）

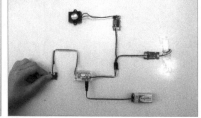
（b）

图5.7

电路部分完成了，我们可以着手进行下一项啦！

三、制作星星灯

（1）取出两张牛皮纸，用签字笔按图5.8所示画出小长方形，用美工刀将小长方形裁下。

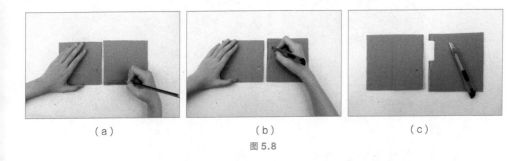

（a）　　　　　　　　　　（b）　　　　　　　　　　（c）

图 5.8

（2）用热熔胶枪如图5.8（a）所示垂直固定两张手皮纸，这里要注意我们要将热熔胶枪的胶固定在盒子的内部，这样能保证盒子外部美观、整洁，见图5.9。

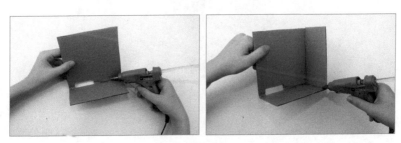

图 5.9

（3）取另一块牛皮纸按照上一步的方法固定，见图5.10。

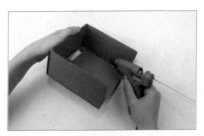

图 5.10

（4）再取一张方形牛皮纸，将磁力开关的插口处穿过卡槽连接Grove线，注意卡槽方向，见图5.11。

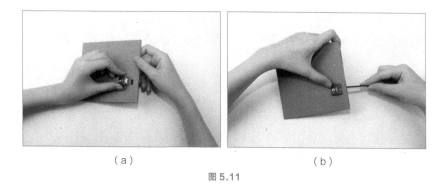

（a）　　　　　　　　　　　　（b）

图 5.11

（5）将主控板固定在牛皮纸盒中，注意主控板的接口方向朝外，见图5.12。

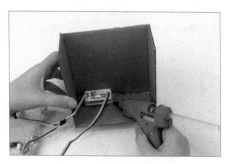

图 5.12

（6）取另一张长方形牛皮纸用热熔胶枪固定，将电子模块塞入牛皮纸盒内，LED不用塞入，见图5.13。

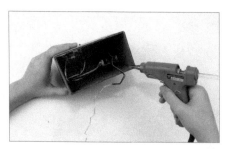

图 5.13

（7）按下录放音模块，说出你想说的心里话，见图5.14。

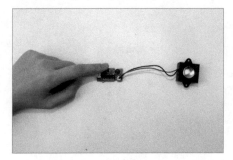

图5.14

（8）将LED均匀地饶在牛皮纸盒上，见图5.15。

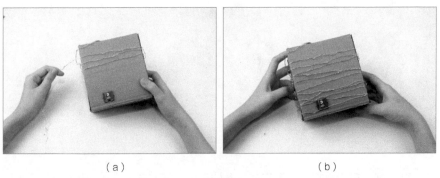

（a） （b）

图5.15

（9）取最后一块牛皮纸用热熔胶枪固定纸盒的顶上，注意熔胶的用量，保持纸盒美观、弊洁，见图5.16。

图5.16

（10）将黑色的不织布用热熔胶枪固定在牛皮纸盒上作为装饰的第一层，这里要注意在电源的接口位置要留出一定距离以便连接电源与拨动开关，见图5.17。

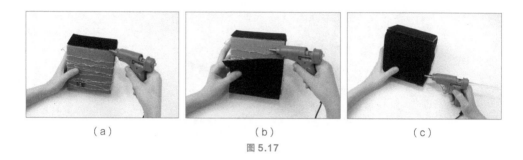

（a）　　　　　　　　　（b）　　　　　　　　　（c）

图 5.17

（11）取出黄色的不织布，在黄色的不织布上画一颗树，并用剪刀将树剪下，见图5.18。

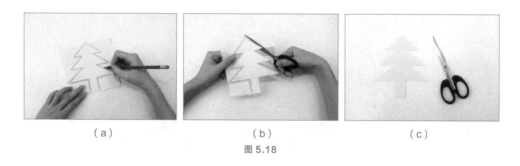

（a）　　　　　　　　　（b）　　　　　　　　　（c）

图 5.18

（12）将剪好的树用热熔胶枪固定在纸盒的正面（即有磁力开关的那边），见图5.19。

图 5.19

（13）取黄色的不织布，将它剪成均匀的长条状，见图5.20。

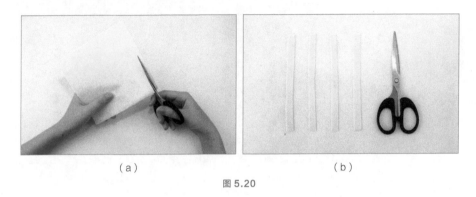

（a） （b）

图 5.20

（14）我们把剪好的长条状不织布用热熔胶枪固定在纸盒的顶部，见图5.21。

图 5.21

（15）把超轻黏土捏成五角星形状。先用大拇指与食指按压捏出3个角，再将剩余的两个角捏出来，见图5.22。

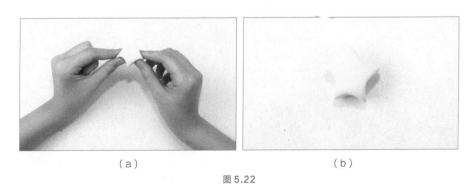

（a） （b）

图 5.22

（16）将磁铁固定在五角星的任意一面上，见图5.23。

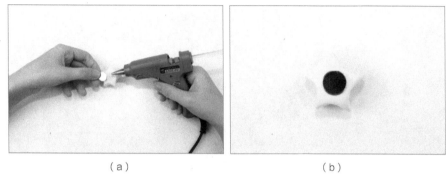

（a）　　　　　　　　　　　　（b）

图 5.23

（17）打开电源开关后，我们将星星靠近盒子时，它就会亮起七彩的光，同时会播放你提前录好的话，星星灯就制作成功了，见图5.24。

图 5.24

6. 防盗挂饰

——动手缝制一个能够防盗的挂饰吧

熊猫警官常常要处理很多有关盗窃的案件，因为镇里的人们总是丢失物品，偷盗现象也十分猖獗。在连续处理三天三夜的案件后，熊猫警官终于病倒了，躺在医院的病床上，但他仍然在为镇里的治安担心。

让我们想个办法，一起来帮熊猫警官解决这个问题吧。

【学习目标】认识蜂鸣器，利用不织布缝制一个具有防盗功能的挂饰。

【必备工具】热熔胶枪、剪刀、签字笔。

【材料清单（见右表及图6.1）】

材料	数量
触摸传感器	1个
蜂鸣器	1个
Logic DC 电源模块	1块
Grove 连接线	2根
电源连接线	1根
9V 电池	1块
不织布（棕、红、白）	各1张
挂绳	1条

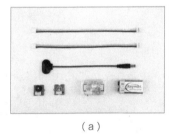

（a）

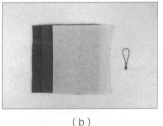

（b）

（c）

图 6.1 材料准备

一、了解蜂鸣器

蜂鸣器是一种具有一体化结构的电子讯响器见图6.2，采用直流电源供电，广泛应用于计算机、打印机、复印机、报警器、电子玩具、汽车电子设备、电话机、定时器等电子产品中。蜂鸣器主要分为压电式蜂鸣器和电磁式蜂鸣器两种类型。

电磁式蜂鸣器由振荡器、电磁线圈、磁铁、振动膜片及外壳

图 6.2 蜂鸣器示意图

等组成。接通电源后，振荡器产生的音频信号电流通过电磁线圈，使电磁线圈产生磁场。振动膜片在电磁线圈和磁铁的相互作用下，周期性地振动发声。

压电式蜂鸣器是一种电声转换器件。将压电材料粘帖在金属片上，当压电材料和金属片两端施加上一个电压后，蜂鸣片就会产生机械变形而发出声响。

二、连接电子模块

电路连接如图6.3所示。

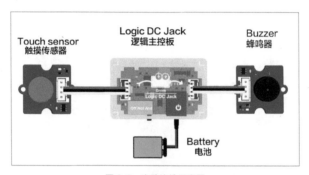

图6.3　电路连接示意图

1. 连接触摸传感器和Logic DC电源模块

使用Grove线连接触摸传感模块和Logic DC电源模块。注意Logic DC电源模块的接口方向，见图6.4。

图6.4

2. 连接Logic DC电源模块和蜂鸣器

Grove连接线先与主控板连接，将连接线的另一端连接蜂鸣器，注意接口的方向，见图6.5。

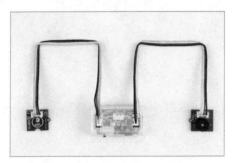

图6.5

3. 连接电源

把9V电池用电源连接线连接到Logic DC电源模块上，打开电源开关，用手触碰触摸开关，蜂鸣器就会响了。如果在手触碰到开关时，蜂鸣器能发出声音，则表示模块的连接没有问题，见图6.6。

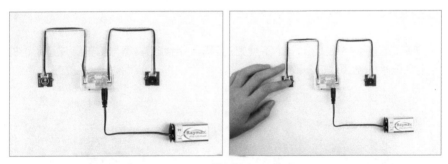

图6.6

电路部分完成了，我们就可以着手进行下一项啦！

三、制作防盗挂饰

（1）取出红色的不织布，用签字笔在上面画一个圆，用剪刀将圆剪下。重复以上方法，制件第2个圆，见图6.7。

（a）　　　　　　　　　　（b）　　　　　　　　　　（c）

图 6.7

（2）在白色的不织布上画出圆形，同样用剪刀将圆片剪下，注意白色的圆片要比红色的圆片小 1/3 左右，见图 6.8。

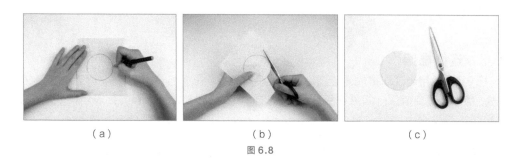

（a）　　　　　　　　　　（b）　　　　　　　　　　（c）

图 6.8

（3）在棕色的不织布上画出一个不规则的扇形，用剪刀将扇形剪下，注意扇形的轮廓大小要与白色圆片的轮廓保持一致，见图 6.9。

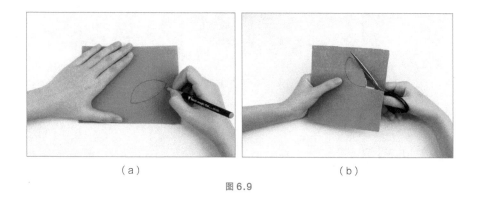

（a）　　　　　　　　　　　　　　　　（b）

图 6.9

（4）将剪好的棕色扇形用热熔胶枪固定在白色圆片上，作为挂饰的头发，见图 6.10。

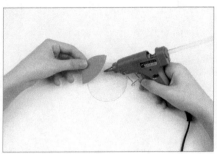

图6.10

（5）取出签字笔画出挂饰的眼睛和嘴巴，见图6.11。

图6.11

（6）取出边角的红色不织布，用签字笔画出两个小椭圆（做红脸蛋），并用剪刀剪下，见图6.12。

图6.12

（7）将剪好的红脸蛋用胶枪固定在脸颊的两边，见图6.13。

图 6.13

（8）我们将上一步做的脸蛋用胶枪固定在红色圆片上，见图6.14。

图 6.14

（9）取出第一步剪好的两个圆形，将电子模块塞入不织布内（触摸传感器除外），不织布的周围用胶枪固定起来，见图6.15。

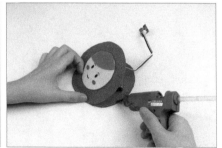

图 6.15

（10）用胶枪将挂饰的边都包起来，除了留一个小口给触摸传感器的连接线，见图6.16。

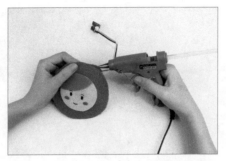

图 6.16

（11）取出挂绳，用胶枪固定在挂饰的顶端，见图6.17。

图 6.17

（12）接下来我们先把挂饰挂在书包的拉链上，见图6.18。

图 6.18

（13）我们将触摸传感器用胶枪固定在背包啦脸上，见图6.19。

图 6.19

（14）将挂饰固定好后，打开开关，当有人触碰到触摸传感器时，这个防盗挂饰便会蜂鸣报警提示有人触碰到你的书包拉链了，从而达到防盗的功能。这个挂饰也能做成你喜欢的卡通图案，这样防盗挂饰就制作成功了，见图6.20、图6.21。

图 6.20

图 6.21　成品图

四、创意扩展设计——制作防盗抽屉

展开想象的翅膀，发挥创意的潜能，体验制作的快乐！

现代人工作紧张，生活压力大，容易丢三落四，忘性也大，我们做一个防盗防丢的小抽屉告别"丢三落四"吧！

（1）使用彩色的卡纸折叠成一个盒子的形状，见图6.22。

图6.22

（2）同上，折叠出一个稍大的纸盒，大的盒子罩着小盒子，成为抽屉式的纸盒，见图6.23。

图6.23

（3）将电子模块连接后，触摸开关用胶枪固定在抽屉的抽拉处，将剩余的电子模块塞入，见图6.24。

图 6.24

　　细心观察，触摸传感器启动蜂鸣器除了可以用来做防盗挂饰之外还能用在生活中那些地方呢？

　　创意是无限的，赶快动手造物吧！

7. 光感火炬

——动手制作一个用光控制开启的火炬吧

希腊标枪运动员克里斯托斯是1968年墨西哥城奥运会圣火在希腊境内传递的最后一名火炬手。按计划，他将在希腊比雷埃夫斯港口跑完最后一程，然后将圣火交给墨西哥城奥运会组委会。然而，意外却在克里斯托斯举着火炬传递的过程中发生了——由于火炬的液化气出现泄漏，一直流到了克里斯托斯的手臂上，火焰在瞬间烧到了他的手上。为了能将圣火顺利地传递到墨西哥人民的手中，克里斯托斯忍住剧痛跑完了全程，因此，被墨西哥人誉为"最勇敢的火炬手"。

就让我们一起做一个用光控制开启的火炬，向最勇敢的火炬手看齐吧！

【学习目标】了解光敏开关原理，发光二极管与数字逻辑电路，利用不织布家用纸杯制作一只光感传递的火炬。

【必备工具】热熔胶枪、剪刀、美工刀、铅笔。

【材料清单（见右表及图7.1）】

材料	数量
光敏传感器	1个
Logic DC 电源模块	2块
LED	2串
LED 驱动板	2块
Grove 连接线	3根
电源连接线	2根
9V 电池	1块
纸杯	2只
竹签	2根
不织布（红、橙）	各1张

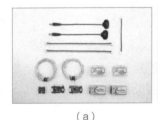

（a）

（b）

（c）

图 7.1　材料准备

一、了解光敏开关

光敏开关是利用光敏元件将光信号转换为电信号的传感器。它的敏感波长在可见光波长附近，包括红外线和紫外线波长。光传感器不只局限于对光的探测，它还可以作为探测元件组成其他传感器，对许多非电量进行检测，只要将这些非电量转换为光信号的变化即可，见图7.2。

图 7.2

二、连接模块

电路连接如图7.3所示。

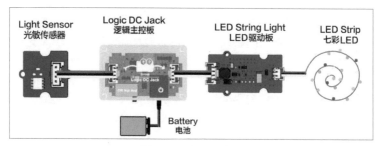

图7.3　电路连接示意图

1. 连接光敏传感器和 Logic DC 电源模块

使用Grove连接线连接光敏传感器和Logic DC电源模块。需要注意接口方向，见图7.4。

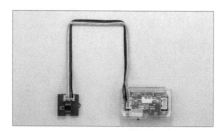

图7.4

2. 连接 Logic DC 电源模块和 LED 驱动板

将Grove连接线的一端连接LED驱动板，另一端连接Logic DC电源模块，注意接口的方向，见图7.5。

图7.5

3. 连接 LED 驱动板与 LED

将 LED 与 LED 驱动板连接，注意连接的接口方向，见图7.6。

图7.6

4. 连接电源

把9V电池用电源连接线连接到 Logic DC 电源模块上，打开电源开关，LED 将会亮起来，用手遮住光敏传感器，LED 就会熄灭。当光敏传感器捕捉到光，LED 就会亮起来，说明我们的电路连接是正确的，见图7.7。

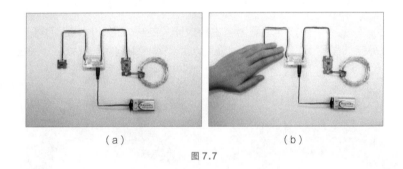

（a） （b）

图7.7

5. 连接 LED 与 Logic DC 模块

先将 LED 与 LED 驱动板连接，再将 LED 驱动板与 Logic DC 模块的右端连接，注意接口的方向，见图7.8。

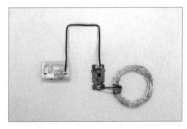

图7.8

6．连接电源

将9v电池用电源连接线连接到Logic DC电源模块上，打开电源开关，LED常亮，见图7.9。

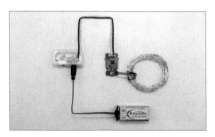

图7.9

这样两组电路部分就组装完成了，我们可以着手完成下一项了！

三、制作光感火炬

（1）取出一只纸杯，用签字笔画出与主控板同大的长方形，用美工刀将长方形的阴影部分裁下，裁剪完如图7.10（c）所示，重复以上步骤，裁剪另一只纸杯，见图7.10。

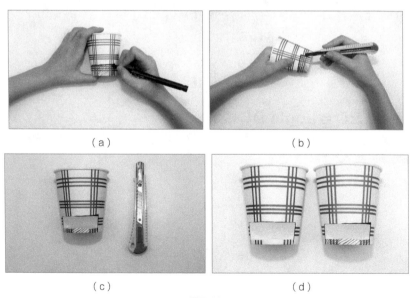

（a）　　　　　　　　　　　　　（b）

（c）　　　　　　　　　　　　　（d）

图7.10

（2）取出两张红色的不织布，用签字笔画出与主控板同样大小的长方形，并用剪刀将这个长方形剪下，见图7.11。

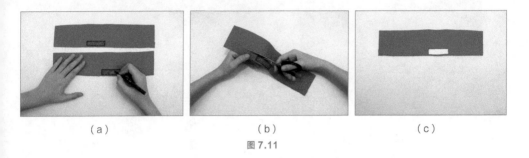

（a）　　　　　　　　　（b）　　　　　　　　　（c）

图 7.11

（3）将剪好的不织布对齐纸杯的卡槽处用热熔胶枪固定，见图7.12。

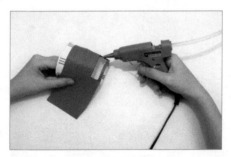

图 7.12

（4）用同样的方法将另一只纸杯的杯身也用不织布装饰，见图7.13。

图 7.13

（5）用热熔胶枪将主控板固定在纸杯的底部，注意主控板的接口方向朝外，见图7.14。

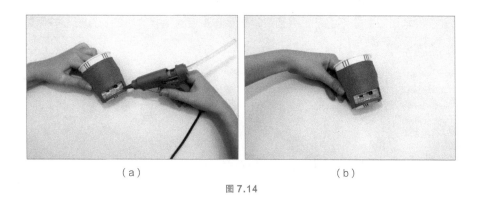

（a） （b）

图 7.14

（6）先用 Grove 连接线将 LED 与主控板的输出端连接，再用 Grove 连接线将光敏传感器与主控板的输入端连接，见图 7.15。

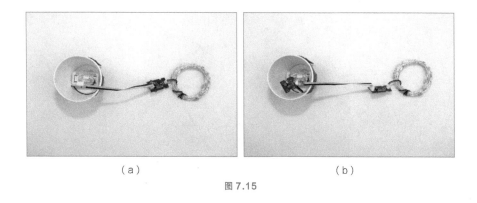

（a） （b）

图 7.15

（7）取出橙色的不织布，用热熔胶枪固定在纸杯的上端。注意不织布的交接处要处理得美观、整洁，见图 7.16。

图 7.16

（8）将LED绕成圆球的形状，再把LED连接在驱动板上，用热熔胶枪将绕成圆球形的LED固定在火炬的顶端，见图7.17。

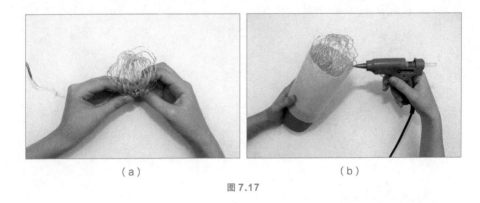

（a）　　　　　　　　　　　　　　（b）

图 7.17

（9）同上方法制作另一只火炬，如图7.18所示，这里要注意，有一只火炬就不需要输入模块哦！

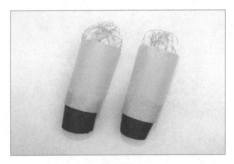

图 7.18

（10）用签字笔在红色的不织布上画出祥云的图案，并用剪刀将其剪下，见图7.19。

（a）　　　　　　　　　（b）　　　　　　　　　（c）

图 7.19

（11）将祥云的图案用热熔胶枪固定在火炬上，随机地分散地固定在火炬上，见图 7.20。

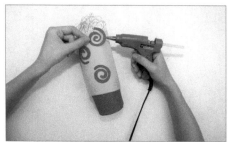

图 7.20

（12）最后连接电源和拨动开关，见图 7.21。

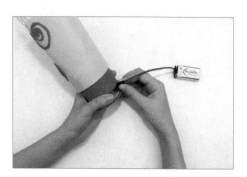

图 7.21

（13）这样两只火炬就制作完成了，一只火炬打开开关后常亮，当常亮的火炬靠近另一只火炬时，另一只也会亮起七彩的灯，光感火炬就制作成功了，见图 7.22。

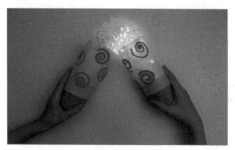

图 7.22

四、创意扩展设计——倒水灯

展开想象的翅膀，发挥创意的潜能，体验制作的快乐！

童年的时候，大家也许这样想过，希望喝的水可以发出七彩的光，让人有种梦幻的感觉。那可不可以实现呢？我们来试一试。

（1）准备好电子模块，将光敏传感器与主控板的输入端连接，输出端连接LED，见图7.23。

图 7.23

（2）取出两只纸杯，将电子模块固定在纸杯内，用棉花填满纸杯。连接电源的拨动开关，LED点亮，见图7.24。

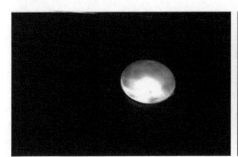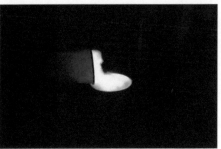

图 7.24

（3）点亮其中一只纸杯灯，用点亮的纸杯灯靠近另一只纸杯时，另一只纸杯也会被点亮，这样，我们的倒水灯就制作成功了，见图7.25。

图 7.25

我们能不能在其他地方也用到这个光敏传感器的功能呢？细心观察生活，你会发现，每个东西都能变得这么梦幻，这么有意义呢！如我们穿的衣服，在黑夜里，一个穿七彩灯衣服的小朋友靠近另一个小朋友时，两个人的衣服就一起闪亮起来了。你还能想到什么别的创意吗？

小创客们，想象无边界，开动脑筋，用光敏传感器启动七彩灯还能做出什么有趣的玩意呢？一起动手动脑，让我们的世界变得更丰富多彩吧！

8. 迎宾机器人

——动手制作一个迎宾机器人吧

书店门口有一个机器人，它最不喜欢跟人们打招呼了。当有人经过书店门口时，机器人就会变出鬼脸吓唬客人。于是，书店里没有客人了，机器人开心极了。过了一段时间，机器人发现自己的主人变得郁郁寡欢，不再会陪着它散步、聊天了，连书店里也没有平日里的嬉笑打闹声了。机器人后悔了，它终于明白原来只有结交朋友才会获得温暖。

于是，机器人开始站在门口朝每一个路过的人们打招呼，跟大家说着"欢迎光临"，书店又慢慢地恢复了往日的生机。

【学习目标】了解运动检测传感器，利用废旧瓶盖动手制作一个迎宾机器人。

【必备工具】热熔胶枪。

【材料清单（见右表及图8.1）】

材料	数量
运动检测传感器	1个
减速电机	1个
Logic DC 电源模块	1块
录放音模块	1块
Grove 连接线	2根
电源连接线	1根
9V 电池	1块
废旧瓶盖	25个
可转动眼珠	2个

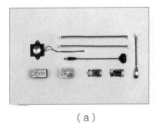
（a）

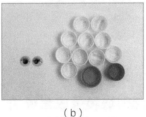
（b）

（c）

图 8.1　材料准备

一、了解运动检测传感器

运动检测传感器，其实就是热释电红外传感器。它对能发出的红外线且运动着的物体十分敏感。当有运动着的物体走入它的探测范围时，变化的红外线会对传感器形成强烈变化的脉冲信号，传感器就可以感知到人们的运动了，见图8.2。

图 8.2　运动检测传感器

二、连接模块

电路连接如图8.3所示。

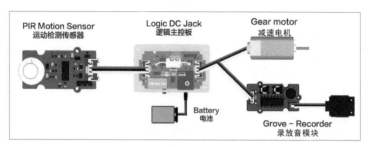

图 8.3　电路连接示意图

1．连接运动检测传感器和Logic DC电源模块

使用Grove连接线连接运动检测传感器和Logic DC电源模块。需要注意连接的接口方向，见图8.4。

图 8.4

2．连接Logic DC电源模块和录放音模块

将Grove连接分叉线的一端连接录放音模块，注意接口的方向，见图8.5。

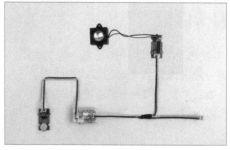

图 8.5

3．连接 Logic DC 电源模块和减速电机

将 Grove 连接分叉线的另一端连接减速电机，见图 8.6。

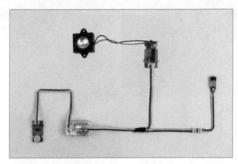

图 8.6

4．连接电源

把 9V 电池用电源连接线连接到 Logic DC 电源模块上，打开电源开关，当运动检测传感器检测到有运动源时，减速电机转动，录放音模块播放提前录好的声音。如果减速电机能够转动，录放音模块能够播放录音，说明我们的电路连接是正确的，见图 8.7。

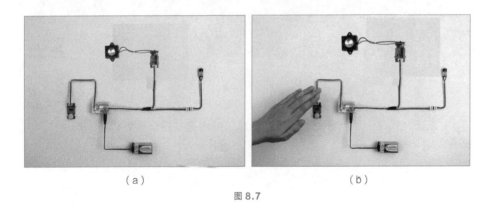

（a） （b）

图 8.7

电路部分完成了，我们可以着手完成下一项了！

三、制作迎宾机器人

（1）取出 3 个白色瓶盖，用热熔胶枪将 3 个瓶盖固定成 "H" 形，见图 8.8。

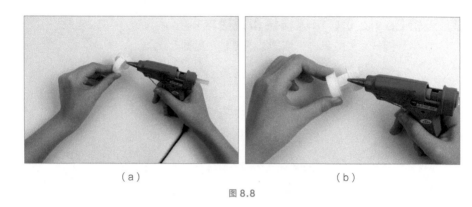

（a）　　　　　　　　　　　　（b）

图8.8

（2）取两个颜色鲜艳的瓶盖（如红色），用热熔胶枪按图8.9所示固定，见图8.9。

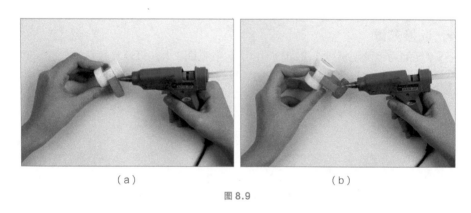

（a）　　　　　　　　　　　　（b）

图8.9

（3）取出两只白色瓶盖分别固定在红色瓶盖的两边，这里是做机器人的身体部分，见图8.10。

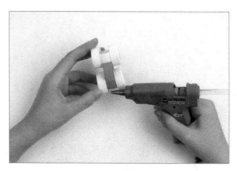

图8.10

（4）先用热熔胶枪固定两组3个白色瓶盖，然后分别固定在机器人身体的两端，见图8.11。

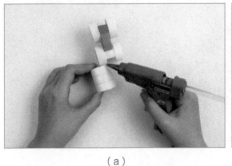 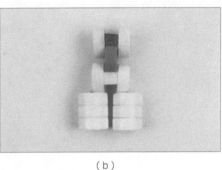

（a） （b）

图 8.11

（5）将圆形转盘与减速电机固定在一起，见图8.12。

图 8.12

（6）将减速电机用热熔胶枪固定在图8.13所示的位置，见图8.13。

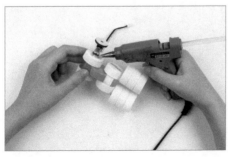

图 8.13

（7）用热熔胶枪固定3个白色的水瓶盖，再将其侧面固定在转动圆盘上，见图8.14。

图 8.14

（8）取两个白色瓶盖如图8.15（a）所示固定在机器人身体左上侧白色瓶盖的侧面。再取4个白色瓶盖按图8.15所示固定。

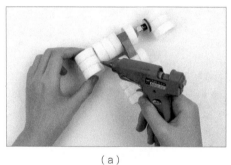 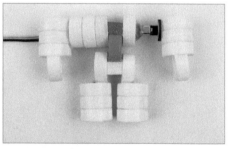

（a） （b）

图 8.15

（9）再将两个瓶盖如图8.16所示固定在机器人身体的上端，作为机器人的头部。

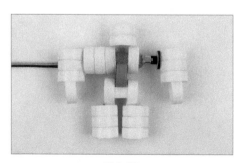

图 8.16

（10）将两个可转动的眼珠用热熔胶枪固定在机器人头部的正面，见图8.17。

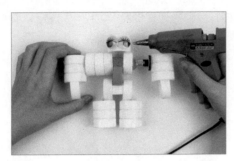

图 8.17

（11）将运动检测传感器用热熔胶枪固定在机器人手臂后端，见图8.18。

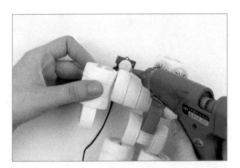

图 8.18

（12）将主控板用热熔胶枪固定在机器人背面的下端，注意电源开口方向应朝上。再将录放音模块固定在机器人的背后，注意美观，见图8.19。

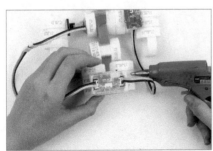
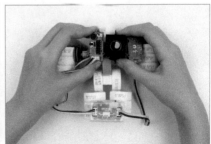

（a） （b）

图 8.19

（13）将电子模块都固定好以后，当机器人检测到有运动源后，就会转动手臂，并播放提前录好的语音——"欢迎光临，欢迎光临，祝你购物愉快！"直到运动源远离检测不到运动源时停止发声。这样，我们的迎宾机器人就制作完成了，见图8.20。

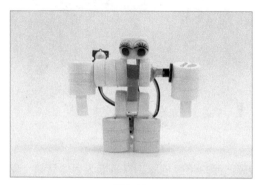

图 8.20

9.跟随小车

——动手制作一辆黏人的小车吧

维尼是一个独生子，爸爸妈妈常年忙于工作，维尼有很长一段时间都觉得自己十分孤独，直到有一天爸爸送给他一辆小车，那是一辆很普通的小车，样子也很平常，但却会经常黏着维尼走，维尼觉得这是一辆有魔力的小车，也常常会跟它一起玩耍。

长大后，维尼有了很多朋友，但维尼始终觉得这辆小车是他童年时光最重要的同伴，教会了他温暖和爱。

【学习目标】学习红外接近传感器的原理，学会数字逻辑电路的连接方法，动手制作一辆跟随小车，设计、制作腾云驾雾的树人。

【必备工具】牛皮纸连接片、铆钉、白乳胶、热熔胶枪。

【材料清单（见右表及图9.1）】

材料	数量
红外接近传感器	1个
减速电机	1个
Logic DC 电源模块	1块
转动圆盘	1块
Grove 连接线	1根
电源连接线	1根
9V 电池	1块
结构拼板	2块

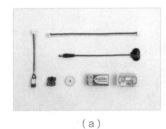
（a）

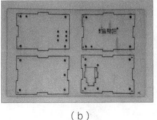
（b）

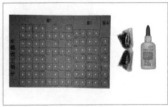
（c）

图 9.1　材料准备

一、了解减速电机

减速电机是指减速机和电机的集成体，这种集成体通常也可称为齿轮减速电机。减速电机一般是把电动机、内燃机或其他高速运转的动力设备，通过减速电机内部大小不同的齿轮组合进行增矩减速。这样可以简化设计，节省空间，而功率、减速比和扭矩不减小，见图9.2。

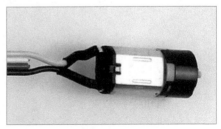

图 9.2　减速电机

二、连接模块

电路连接如图9.3所示。

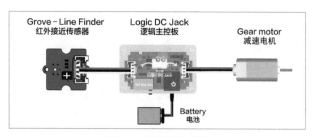

图9.3　电路连接示意图

1. 连接红外接近传感器和 Logic DC 电源模块

使用Grove连接线连接红外接近传感器和Logic DC电源模块。需要注意连接的接口方向，见图9.4。

图9.4

2. 连接 Logic DC 电源模块和减速电机

将Grove连接线的另一端连接减速电机，注意接口的方向，见图9.5。

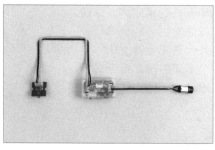

图9.5

3. 连接电源

　　把9V电池用电源连接线连接到Logic DC电源模块上，打开电源开关，当我们靠近红外接近传感器时，减速电机便会转动起来了。如果减速电机能够转动，说明我们的电路连接没有问题，见图9.6。

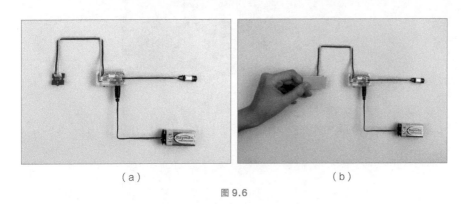

（a）　　　　　　　　　　　　　（b）

图 9.6

　　电路部分完成了，我们可以着手完成下一项了！

三、制作跟随小车

　　（1）将结构拼板的零件拼板逐一拆下，如图9.7所示位置摆放好。

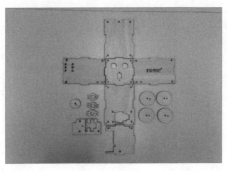

图 9.7

　　（2）取出牛皮纸连接片与铆钉，将牛皮纸连接片按图9.8所示摆放，铆钉对齐结构拼板与牛皮纸连接片的位置轻轻按入固定。

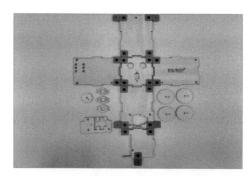

图 9.8

（3）将主控板对齐结构拼板的卡槽处，用铆钉固定，见图9.9。

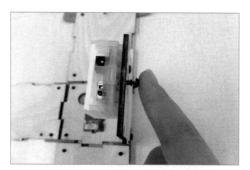

图 9.9

（4）把红外接近传感器用铆钉固定在小车的嘴巴的位置，见图9.10。

图 9.10

（5）主控板与红外接近传感器固定在结构拼板上的平面图如图9.11所示。

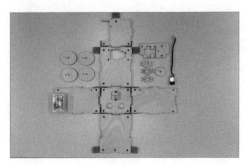

图9.11

（6）将拼板零件用白乳胶固定在减速电机上，再将圆形转盘固定在减速电机的前端，见图9.12。

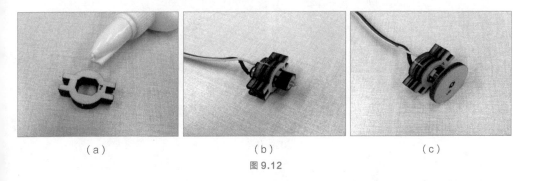

（a）　　　　　　　　　（b）　　　　　　　　　（c）

图9.12

（7）将减速电机固定在结构拼板的相应位置上，拼装好的平面图如图9.13（b）所示。

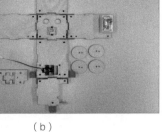

（a）　　　　　　　　　　　　　（b）

图9.13

（8）将另一块结构拼板固定在减速电机上，见图9.14。

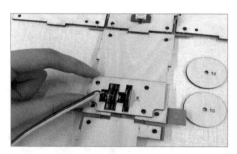

图9.14

（9）将两片圆形转盘叠在一起，用白乳胶粘牢，再用螺丝固定，见图9.15。

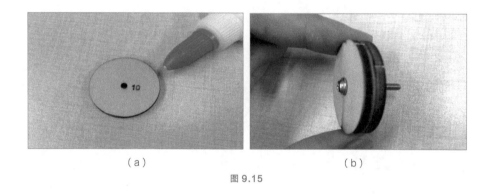

（a）　　　　　　　　　　　　　　（b）

图9.15

（10）将螺丝穿过小车的卡槽处，将轮子固定在小车车身的两边，见图9.16。

（a）　　　　　　　　　　　　　　（b）

图9.16

（11）将结构拼板的一端用铆钉固定起来，再将主控板连接上电池，见图9.17。

图 9.17

（12）连接好电池后拨动电源开关，将小车其余未固定的部位用铆钉固定起来。当你把手放在跟随小车的前端时，小车就会跟着你的手一起向前走，这样，我们的跟随小车就组装完成了，见图9.18。

图 9.18

四、创意扩展设计——腾云驾雾的树人

展开想象的翅膀，发挥创意的潜能，体验制作的快乐！

我们的红外接近传感器还能应用在什么地方呢？

在看电影《银河护卫队》的时候，树人跳舞萌翻众人，我们可不可以让树人腾云驾雾呢？说做就做！

（1）准备好填充棉与咖色超轻黏土，见图9.19。

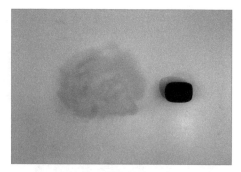

图9.19

（2）把棉花均匀地填充固定在小车的四周，见图9.20。

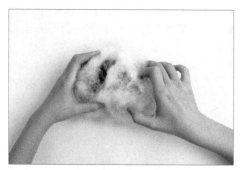

图9.20

（3）参照《银河护卫队》里树人的样子，用咖色的超轻粘土捏一个树人，待超轻黏土干透后，将树人用热熔胶枪固定好，见图9.21。

图9.21

（4）我们将填充的棉花整理得均匀、自然一些，如图9.22所示，这样，腾云驾雾的树人就完成了！

图 9.22

细心地观察生活，我们还可以在什么地方用到这个红外接近传感器的功能呢？

创意的海洋是无穷无尽的，小创客脑海中的每一个创意就是海洋中的一滴水，让我们发挥自己的想象力，看看红外接近传感器还能做成什么吧！

10.雨天阳台

——动手制作一个下雨天还能感受到浪漫的阳台吧

生活中浪漫无处不在，一个小小的阳台窗户被简单地布置一下就可以营造出浪漫的气氛。

阳台窗户被装饰后，下雨天，它将不再是沉闷、潮湿，我们可以懒洋洋地坐在窗边，听听古典音乐，享受着悠闲的时光。

【学习目标】了解水分传感器原理，着手将家里的窗户装饰成温馨、浪漫的阳台。

【必备工具】热熔胶枪。

【材料清单（见右表及图10.1）】

材料	数量
水分传感器	1个
录放音模块	1块
Logic DC 电源模块	1块
LED	1串
LED驱动板	1块
Grove 连接线	2根
电源连接线	1根
9V 电池	1块

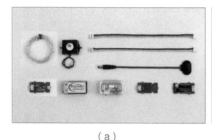

（a）

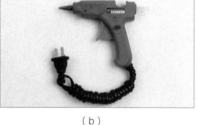

（b）

图 10.1　材料准备

一、了解水分传感器

水分传感器的原理是利用雨水的导电特性作为输入。当传感器表面干燥的时候，传感器引脚形成开路，当有雨水滴到传感器上时，传感器引脚则会形成导电回路，将转换成的电信号作为输出传给控制器，见图10.2。

图 10.2　水分传感器

二、连接模块

电路连接如图10.3所示。

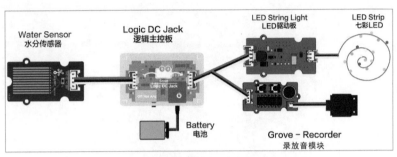

图 10.3　电路连接示意图

1. 连接水分传感器和 Logic DC 电源模块

使用Grove连接线连接水分传感器和Logic DC电源模块。需要注意连接的接口方向，见图10.4。

图 10.4

2. Logic DC 电源模块和录放音模块

将Grove连接分叉线的一端连接录放音模块。注意接口的方向，见图10.5。

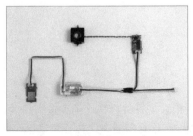

图 10.5

3. 连接Logic DC电源模块和LED

将Grove连接分叉线的另一端连接LED驱动板，将LED与LED驱动板连接，见图10.6。

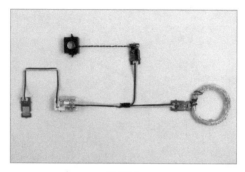

图10.6

4. 连接电源

把9V电池用电源连接线连接到Logic DC电源模块上，打开电源开关，取一杯水靠近水分传感器，LED即会亮起，听听录放音模块能否播放提前录好的声音。如果LED能够亮起，并且录放音模块能够播放录音，就说明我们的电路连接没有问题，见图10.7。

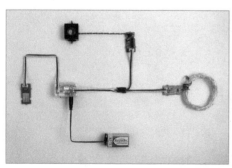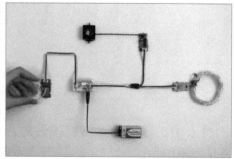

图10.7

电路部分完成了，我们可以着手完成下一项了！

三、制作雨天阳台

（1）我们将连接好的电子模块的开关打开，用手按下录放音模块上的按键，如图10.8所示，对着话筒播放一小段音乐，松开按键，这样，声音就录制成功了！

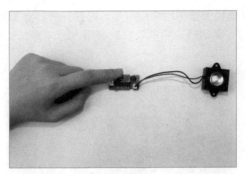

图 10.8

（2）我们将LED用热熔胶枪固定在窗户的周围，固定时的形状可以随意设计、制作，见图10.9。

图 10.9

（3）将水分传感器用热熔胶枪固定在窗边，注意连接线的卡槽处朝内放置，见图10.10。

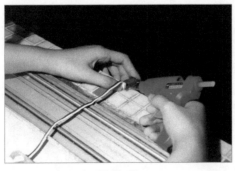

图 10.10

（4）将剩余的电子模块固定在栏杆的一侧，打开开关。当下雨时，水分传感器检测到有雨水，则会启动LED，同时播放提前录好的音乐。这样，这个雨天阳台就制作成功了，见图10.11。

图 10.11

校内学生作品展示

作品名称：书包转弯灯

制 作 者：深圳市南山实验教育集团麒麟小学　陈艾睿

指导老师：张祖志

模块组合：触摸传感器＋主控板＋LED

作品说明：骑自行车转弯时，触摸安装在自行车前端的触摸传感器，书包上的灯会亮起，提醒身后的路人和车辆。

作品故事：有一次，一个小同学骑自行车回家时，在转弯的路口被一个电动自行车撞到了，好在没有被撞伤，于是，他就想可以在书包上设置一个转弯提醒装置，以避免这样的事情再次发生。

作品名称：飞机风扇

制 作 者：珠海市九洲中学　曾庆洋、曾钰杰

指导老师：肖迎春

模块组合：人体红外运动传感器＋主控板＋电机

作品说明：当检测到有人移动过来时，风扇就会转动。

作品故事：夏天来临，教室里太热了，如果有一个便捷式的桌面风扇该有多好！使用拼装积木结合造物锦囊自己制作一台个性化的风扇，会引来无数羡慕的眼光！飞机是男孩子的最爱，加上人体红外运动传感器和电机，炫酷的风扇就制作完成了！

作品名称："书儿回家"自动检测书架

制 作 者：深圳市南山外国语学校（集团）少年创新院　张哲浩

指导老师：熊诗莹、侯晓彤

模块组合：红外接近/触摸/光敏传感器＋主控板＋蜂鸣器/LED

作品说明：书没放在原位，当房间关灯时，蜂鸣器就会发出警报，LED将发出七彩的光提示大家书应放的位置。

作品故事：创作这个书架的初衷是，有时在家看完书时会乱放，有了这个书架就可以让主人养成每晚把书放回原位的好习惯。

作品名称：会"说话"的大白

制 作 者：深圳市福田区荔园小学南校区　周奕辰

指导老师：周伟明

模块组合：红外接近传感器＋主控板＋录放音模块＋小音箱

作品说明：接近大白时，它会发出之前录好的声音，实现简单的人机互动。

作品故事：小朋友买回来的大白不能发出声音，玩了一段时间后，他觉得不好玩了，后来他把大白改装了，通过加入简单的模块，大白会说话了："你好，我是大白/Hello，I am Baymax。"大白说话的内容还可以根据自己的需求变换哦，是不是很好玩呢？

作品名称：提醒倒垃圾的垃圾桶

制 作 者：深圳市南山实验教育集团麒麟小学创客社团

指导老师：张祖志

模块组合：光敏传感器＋主控板＋蜂鸣器

作品说明：把垃圾桶的上边缘安装上光敏传感器，当垃圾被装满时，光敏传感器被遮住，蜂鸣器启动。

作品故事：早上出门总是忘记倒垃圾，下午放学回来垃圾容易发臭，并且滋生蚊虫、细菌、影响健康，我们就想到利用这个制作，来提醒家人及时倒垃圾。

作品名称：自动吹风的座椅

制作者：深圳市南山外国语学校（集团）少年创新院　任逸飞

指导老师：熊诗莹、侯晓彤

模块组合：红外接近传感器＋主控板＋电机

作品说明：当人坐在椅子上，后背靠近红外接近传感器，启动电机转动。

作品故事：夏天到了，制作者希望有一把椅子，在他坐上去的时候，就能自动吹风。

作品名称：会吹风的帽子

制作者：深圳市南山外国语学校（集团）少年创新院　张耀壬

指导老师：熊诗莹、侯晓彤

模块组合：温度传感器＋主控板＋电机（温度传感器属于新增模块）

作品说明：当人们戴上帽子，帽子内的温度超过40℃时，帽子的风扇就会自动启动

作者故事：制作者喜欢户外活动，夏天很热，所以他希望可以制作一顶能够会吹风的帽子，当检测到人们的体温过热时，它就会自动启动风扇，给人们吹风。

作品名称：钱包防盗伴侣

制作者：深圳市南山外国语学校（集团）少年创新院　阮厚铭

指导老师：熊诗莹、侯晓彤

模块组合：红外接近传感器＋主控板＋蜂鸣器

作品说明：当钱包离开主人时，蜂鸣器启动。

作品故事：制作者的爸爸曾经坐公交车丢过钱包，所以他希望能有这样一个钱包防盗伴侣，当钱包离开主人时，蜂鸣器就会发出警报。

作品名称：安全伞

模块组合：触摸传感器＋主控板＋LED

制 作 者：深圳外国语学校东海附属小学　刁思彤

指导老师：郭勇、赵小淋

作品说明：雨夜出门时，打开安全伞的电源开关，接触触摸传感器，七彩的LED就会亮起来，提醒周边的行人及车辆。

作品故事：最近，深圳降雨较多，雨天的夜晚打伞出行安全系数较低，有了这把安全伞，再也不用担心车辆看不到行人啦！它还可以帮主人照亮前方的道路呢！拿着它，走在路上，一定很炫酷！

作品名称：光控自动浇花装置

制 作 者：深圳市南山外国语学校（集团）少年创新院　虞博鎏

指导老师：熊诗莹、侯晓彤

模块组合：光敏传感器＋主控板＋电机

作品说明：当天黑时，光敏传感器检测不到光，光控自动浇花装置就会启动电机，打开水泵，自动浇花。

作品故事：制作者喜欢养植物，所以他希望能做一个自动浇花装置，每天天黑的时候定时浇花。

作品名称：盲人拐杖

制 作 者：深圳市南山实验教育集团麒麟小学　金融融

指导老师：刘霖

模块组合：红外接近传感器＋录放音模块＋LED＋主控板

作品说明：用手触碰拐杖，它会亮起七彩的灯，同时它还会执行避障功能，当拐杖底部检测到有台阶或者障碍物时，拐杖上自带的蜂鸣器会报警提醒。

作品故事：世界上有很多盲人，尽管各国家政府都关爱他们，出资建造了许多公益设施，可是这些设施仍旧不能完全满足盲人的需要。为此制作者要发明一种夜光避障拐杖。拐仗在使用过程中，七彩灯亮起，让路边的行人及车辆更容易注意到盲人。同时，拐杖的报警声将会提醒盲人前方或脚下有障碍物。

作品名称：减重书包

制 作 者：深圳市南山实验教育集团麒麟小学　林夏洋

指导老师：张祖志

模块组合：红外接近传感器＋主控板＋蜂鸣器

作品说明：同学在背起改造后的书包时，当指针靠近红外接近传感器，启动蜂鸣器。

作品故事：妈妈总是担心孩子的书包重量超标，影响孩子的身体发育，因此制作者想到发明个减重书包，可以提醒主人书包的重量，如果超重，就要注意重新整理书包，减轻书包的重量。

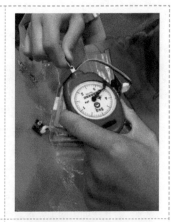

作品名称：节水桶

制 作 者：深圳市南山实验教育集团麒麟小学　王亦婷、黄瑷、茹小瑜

指导老师：吴登峰

模块组合：倾斜传感器＋主控板＋LED/蜂鸣器

作品说明：水面接触到气球，气球倾斜带动倾斜传感器工作，LED亮起，蜂鸣器发出响声。

作品故事：有些空调排出的水需要用水桶来接，但当水桶的水装满了而主人不知道时，水就会流到房间。所以制作者就改造了这个水桶来帮人们解决这个问题。

作品名称：厨房高温报警装置

制 作 者：深圳市南山实验教育集团麒麟小学创客社团

指导老师：张祖志

模块组合：红外接近传感器＋主控板＋蜂鸣器

作品说明：温度过高会导致气球膨胀，膨胀后的气球靠近红外接近传感器，启动蜂鸣器。

作品故事：妈妈在厨房做饭时，经常会因温度过高而导致身体不适，因此制作者特意发明了这个报警装置，提醒妈妈适当注意身体。

作品名称：防近视背心

制 作 者：深圳市南山实验教育集团麒麟小学创客社团

指导老师：张祖志

模块组合：接近传感器＋主控板＋蜂鸣器

作品说明：书的底部离背心太近，背心就会发出警报

作品故事：现在同学们的近视发生率越来越大，并且发生近视的同学年龄也越来越小，为此，制作者特意将电子模块。植入背心，当看书、写字时，它将提醒同学们保持正确的坐姿，防止近视的发生。

作品名称：手势控制的玩具警车

制 作 者：深圳市南山外国语学校（集团）少年创新院　弓礼博

指导老师：熊诗莹、侯晓彤

模块组合：红外接近传感器＋主控板＋电机

作品说明：把手放在玩具警车的上端，慢慢靠近接近传感器时，就会启动玩具警车。

作者故事：制作者有个弟弟，特别喜欢找他玩，但是放学后需要做作业，因此没太多时间陪弟弟玩，所以他就改造了弟弟的玩具警车，让它变得更好玩。

作品名称：带转向灯的自行车

制 作 者：深圳市南山实验教育集团麒麟小学创客社团

指导老师：刘霖

模块组合：触摸传感器＋主控板＋蜂鸣器＋LED

作品说明：改造后的自行车有左右两个转向灯，用手指一触碰转向灯，转向灯就可以亮，并且蜂鸣器也会发出声音，前面的转向灯在夜晚还会发光。

作品故事：骑自行车时经常会遇到转弯的情况，后方的来车不清楚自行车的待转弯方向，出于保证安全的考虑，制作者就制作了一辆带转向灯的自行车，这样可以提醒后面的车自行车在转弯，夜晚时也可以提醒周围的车注意安全。

校外创客工作坊作品展示

作品名称：暖暖狐狸灯
作品来源：亲子创客工作坊
模块组合：光敏传感器＋主控板＋LED
作品说明：天黑时，可爱的狐狸守候的小灯就会自动亮起。
作品故事：女儿自己很喜欢《了不起的狐狸爸爸》这部电影里的
　　　　　狐狸爸爸，于是，制作者就创作了这个狐狸灯，希望
　　　　　可以帮助经常加班到很晚才回家的妈妈照亮房间。

作品名称：纠正笔
作品来源：亲子创客工作坊
模块组合：倾斜传感器＋主控板＋蜂鸣器
作品说明：握笔姿势不对，将会导致倾斜传感器倾斜，启动蜂
　　　　　鸣器。
作品故事：很多同学平时写作业时拿笔姿势总是不对，会影响字
　　　　　的美观程度和写字速度，制作者就和妈妈一起想到把
　　　　　倾斜传感器安装在常用的笔上，来帮助握笔姿势不正
　　　　　确的同学练习正确的写字姿势。

作品名称：倒水灯
作品来源：企业创客工作坊
模块组合：电源模块＋光感传感器＋LED＋主控板
作品说明：一个杯子里的光可以点亮另一个杯子的光。
作品故事：小花从小有一个公主梦，希望能把所有的东西都变得亮闪闪，有一天她在喝水的时候，希
　　　　　望水也能发出亮晶晶的光。于是，爸爸给小花做了一个倒水灯，圆了小花的一个公主梦。

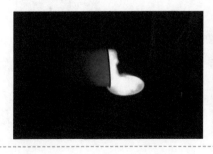

作品名称： 爱心蛋糕盒

作品来源： 亲子创客工作坊

模块组合： 光敏开关 +LED+ 主控板

作品说明： 用LED绕成各种图案，当打开蛋糕盒，光敏开关感受到光时，蛋糕盒子上的LED便会亮起。

作品故事： 妈妈快过生日了，制作者希望可以送给妈妈一个特殊的生日礼物，他在蛋糕盒上加上彩灯，利用电子模块控制彩灯的开关，在妈妈打开蛋糕盒时，给妈妈一个惊喜。

作品名称： 星星灯塔

作品来源： 深圳市南山区小学科学教师教研团队

模块组合： 红外接近传感器 +LED+ 减速电机 + 主控板

作品说明： 当红外接近传感器感受到有人接近时，塔尖便会转动，同时带动塔尖上的球转动，LED亮起。

作品故事： 一位老师的女儿特别喜欢旋转木马，每次在公园都要玩四五次才行，于是，她就想到自己做一个像旋转木马一样的旋转装置，可以随时打开玩一玩。

作品名称： 磁感画

作品来源： 企业创客工作坊

模块组合： 磁力开关 +LED+ 主控板

作品说明： 利用剪刀和针线将玫红色不织布做成一朵立体花，用热熔胶枪将花与LED固定上去，再将粘有磁铁的小草靠近磁力开关，这幅画就亮了。

作品故事： 制作者平时喜欢绘画，但一般的画都是平面的、静态的，制作者利用月饼盒的盖子和手工做的布艺花制作了一幅电子画，这样可以让画面更加立体和生动。

作品名称: 福气红包灯笼

作品来源: 企业创客工作坊

模块组合: 红外接近传感器+LED+主控板

作品说明: 用6个红包做成灯笼,提着灯笼出门,有人接近灯笼时,灯笼便会亮起来。

作品故事: 新年过后,小朋友们都收到了很多红包,闲置的红包丢掉太浪费,于是想用它们做点什么。新年过后马上就是元宵节了,刚好可以用这些红包做一个手提灯,去亲戚、邻居家玩耍时一定会很炫酷。

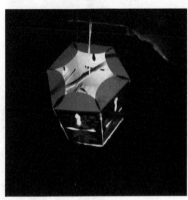 

作品名称: 星星灯

作品来源: 企业创客工作坊

模块组合: 光敏开关+LED+主控板

作品说明: 用废旧的纸箱制作成三角的形状,将电子模块固定在里边。当人们提着星星灯走到光亮处时,星星灯会自动开启省电模式。

作品故事: 制作者很喜欢在网上购物,给家里留下了很多不用的纸箱。元宵节快到了,女儿的幼儿园要举行灯会游园活动,她想要一个与众不同的灯笼,于是制作者就为女儿做了这个灯笼。

作品名称：抽奖神器

作品来源：赛博公司创客团队

模块组合：红外接近传感器＋减速电机＋主控板

作品说明：制作一个抽奖器，在转盘的两块不同区域写上"中啦"。当有人靠近抽奖神器时，它便开始转动，当人远离它时，它便停下来，当指针停在"中啦"的位置便是中奖了。

作品故事：小朋友们在一起玩的时候，如果大家都喜欢一个玩具的话，就会发生挣抢。有了这个抽奖神器，大家在抢玩具时，就来随机抽奖，谁最先抽中，玩具就给谁玩。这样很好地解决了小朋友们发生争吵的问题。

作品名称：迎客灯

作品来源：赛博公司创客团队

模块组合：红外接近传感器＋减速电机＋LED

作品说明：用吸管搭建的一个灯的形状，将LED塞入吸管内，将灯挂起来，当有人靠近它时，LED便会亮起，同时灯开始转动。

作品故事：制作者是一个很好客的人，他希望做一个迎客灯，当有客人来到客厅时，这个灯就会发光，并会自动旋转，以此来欢迎客人。

作品名称：戒烟神器

作品来源：赛博公司创客团队

模块组合：红外接近传感器＋录放音模块＋主控板

作品说明：在烟盒的盖子上装上红外接近传感器，当主人想吸烟时，打开盖子，它便会自动播放提前录好的"吸烟有害健康哦"的录音，起到提醒的作用。

作品故事：制作者平时有吸烟的习惯，他自己也知道抽烟有害健康，于是他想做一个可以督促自己戒烟的装置。

作品名称: 吹凉你的面

作品来源: 企业创客工作坊

模块组合: 倾斜传感器＋主控板＋电机

作品说明: 把筷子放到筷子架上,当筷子架倾斜时,风扇转动。

作品故事: 夏天吃面的时候,刚出锅的面条特别烫,面条凉到可以吃的程度要等很久,于是,制作者就制作了一个专门帮人们吹凉面的装置,这样就可以愉快地吃面了。

作品名称: 腾云驾雾

作品来源: 企业创客工作坊

模块组合: 红外接近传感器模块＋减速电机＋主控板

作品说明: 用粘土捏出春晚吉祥物,安装上电子模块当它感受到前方有物体时,便会跟着一起前进了。

作品故事: 2016年的春晚吉祥物康康火遍大江南北,创客们想让它能够动起来,于是就让康康站在会前进的小车上,将棉花固定在它的周围。当小车跑起来时,感觉就好像是在白云间飞行一样。

作品名称: 光明首饰盒

作品来源: 企业创客工作坊

模块组合: 光敏传感器/触摸传感器＋主控板＋LED

作品说明: 触摸抽屉,用手拉开抽屉,抽屉里的小灯就会亮起。

作品故事: 制作者有一位闺蜜,非常喜欢小饰物,于是就帮她做了一个有趣的首饰盒,送给她做生日礼物。

作品名称: 滴滴浇花

作品来源: 创客导师暑期夏令营

模块组合: 水分传感器＋主控板＋电机

作品说明: 水分传感器检测到水分后,将信号传递给逻辑主控板,逻辑主控板便控制电机,使之停止转动。

作品故事: 这是一个自动加水装置,能够让水箱里的水维持在一个预设的水位。当水箱里的水位没有达到预定水位时(将水分传感器放置在我们设定的水位位置,便能判断水位是否达到设定水位),逻辑主控板便会控制电机,使之转动,根据水车的原理不断将水注入水箱,直到水箱里的水位达到设定水位。

作品名称： 会跳舞的妞妞

作品来源： 创客导师暑期夏令营

模块组合： 磁力开关 + 主控板 + LED + 电机 + 录放音模块

作品说明： 将磁铁接触到磁力开关，黏土娃娃便会转动，裙摆上的灯条开始发亮，同时娃娃会发出声音。

作品故事： 老师们想做一个与众不同的音乐妞妞，现在能买到的音乐玩偶都是按钮开关控制开启的，这个音乐妞妞是用磁力开关控制的，当喜欢她的人向她发出磁力（吸引力）时，她就会开心地旋转。

作品名称： 梦幻之鸟

作品来源： 创客导师暑期夏令营

模块组合： 人体红外运动检测传感器 + 主控板 + LED + 电机

作品说明： 当有人经过这只大鸟的身边时，人体红外运动检测传感器便可以检测到运动中的红外源，大鸟身上的灯条开始亮起来，然后触发信号，传递给逻辑主控板，最后逻辑主控板的电机发出启动信号，电机转动，大鸟的尾巴便随之旋转。

作品故事： 有位老师刚刚搬了新家，家里需要一些装饰品，于是，大家一起出主意，就做出了这只梦幻之鸟。与众不同的是，这个装饰品具有互动性，是个有动感的电子装饰品。

作品名称： 不倒翁

作品来源： 企业创客工作坊

组合模块： 倾斜开关 + LED + 主控板

作品说明： 不倒翁倾斜时，倾斜开关启动，LED 随之一亮一灭。

作品故事： 制作者是位八零后，小的时候常玩的玩具就是不倒翁。现在我们已经很少看到这种玩具了，于是，他就想制作一个不倒翁怀念一下孩童时光。当看到这些电子模块时，他就想到制作一个电子不倒翁。

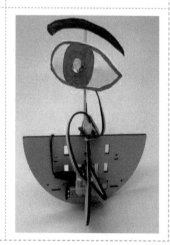

附录　本书作品所需套件说明

一、造物盒子（锦囊版）

造物盒子（锦囊版）是一款面向大众的零门槛电子积木套装，此DIY套装无需编程，无需焊接，即插即用，即使没有任何电子基础，也可马上开启你的科技创意之旅！

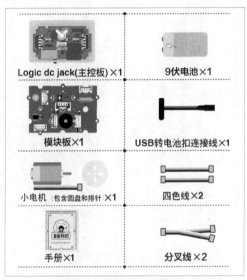

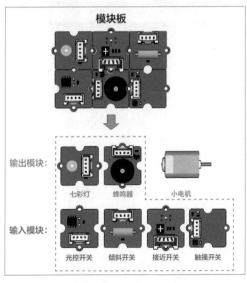

二、锦囊扩展包

锦囊拓展包是对锦囊的可拓展模块的补充，有更多的输入、输出模块，组合玩法也增加到近万种。

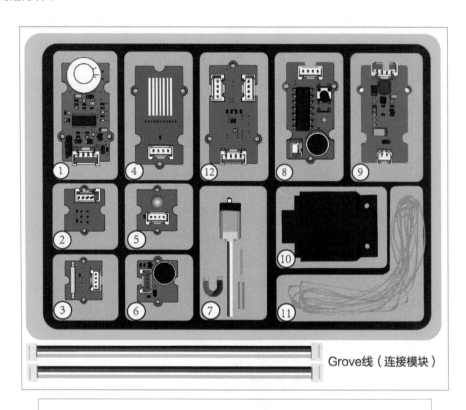

Grove线（连接模块）

输入模块：
1.人体红外运动传感器
2.拨动开关
3.磁力开关
4.水分传感器

逻辑模块
12.逻辑或门模块

输出模块：
5.可调色灯珠
6.振动电机
7.减速电机、螺丝刀、磁铁
8.录放音模块
9.灯条驱动板
10.扬声器（插入录放音模块使用）
11.灯条（插入灯条驱动板使用）

三、快速上手——"点亮第一盏灯"

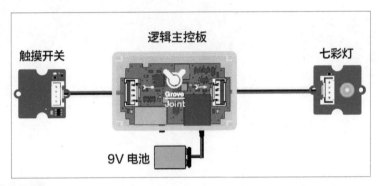

1.连接模块

用四色线将触摸开关和七彩灯连接在逻辑主控板的左边和右边插座（注意不能接反）。

2.连接电源

去掉电池的塑料保护膜，然后用电池连接线连接电池和逻辑主控板。

3.打开开关

将逻辑主控板的开关拨到最右边。

4.用手碰触

触碰下左边的触摸开关，灯珠就会点亮啦！